名师名著

教育中国·畅销精品系列

高等学校规划教材

DRAWING OF ENVIRONMENTAL ENGINEERING AND CAD

环境工程制图与CAD

第二版

张晶 潘立卫 王嘉斌 主编

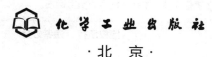

化学工业出版社

·北 京·

内容简介

《环境工程制图与CAD》（第二版）以AutoCAD 2018为主要平台，详细讲解环境工程中涉及的常用工程制图基础知识、典型环境工程设计图的绘制方法，以训练读者的环境工程制图技能。全书共14章，以简明的文字介绍了以AutoCAD 2018为主要平台的相关命令、操作方法与技巧，通过对大量实例的逐步讲解，力图使读者能够轻松掌握相关知识并提高绘图技能，第14章增加了CAD的拓展内容BIM技术，供读者进一步的学习。书中另附讲解视频、绘图操作实例视频、教学PPT、习题集、CAD常用快捷命令、4套水处理工艺图集100余幅图，可扫描二维码查看，方便读者通过模仿实例和提示完成实训项目，在较短时间内熟悉AutoCAD，掌握其在环境工程、市政工程、建筑环境与能源应用工程等领域中的应用方法。

本书可作为普通高等教育环境工程、环境科学、生态工程和给水排水工程等专业制图课程的教材，同时还可供环境工程技术人员参考。

图书在版编目（CIP）数据

环境工程制图与CAD / 张晶，潘立卫，王嘉斌主编.—2版.—北京：化学工业出版社，2022.1（2024.9重印）
高等学校规划教材
ISBN 978-7-122-38763-9

Ⅰ.①环… Ⅱ.①张… ②潘… ③王… Ⅲ.①环境工程-工程制图-AutoCAD软件-高等学校-教材 Ⅳ.①X5-39

中国版本图书馆CIP数据核字（2021）第051785号

责任编辑：满悦芝
文字编辑：王　硕　陈小滔
责任校对：王鹏飞
装帧设计：李子姮

出版发行：化学工业出版社
　　　　　（北京市东城区青年湖南街13号　邮政编码100011）
印　　装：大厂聚鑫印刷有限责任公司
880mm×1230mm　1/16　印张17¾　字数465千字
2024年9月北京第2版第6次印刷

购书咨询：010-64518888
售后服务：010-64518899
网　　址：http://www.cip.com.cn
凡购买本书，如有缺损质量问题，本社销售中心负责调换。

定　　价：49.80元

《环境工程制图与CAD》(第二版)

编写人员

主　编　张　晶　潘立卫　王嘉斌

副主编　王秀花　王向举　于　驰　钟和香　丁光辉

编写人员（排名不分先后）

张　晶　潘立卫　王嘉斌　王秀花　王向举

于　驰　张　莉　钟和香　丁光辉　陈淑花

前言

《环境工程制图与 CAD》自 2014 年出版以来，在高校环境工程类专业的 CAD 制图教学中发挥了很好的作用，在此特向参加编写的全体专家表示衷心感谢。

党的二十大报告指出，我们要推进美丽中国建设，坚持山水林田湖草沙一体化保护和系统治理，统筹产业结构调整、污染治理、生态保护、应对气候变化，协同推进降碳、减污、扩绿、增长，推进生态优先、节约集约、绿色低碳发展。为适应环境工程技术的快速发展，同时满足高校广大教师的教学需要，由大连大学会同各设计院专家对《环境工程制图与 CAD》进行修订。

本次修编是在 2014 年版的基础上，以编者自身对"环境工程制图与 CAD"课程理论的教学经验和工程设计、施工及运行经验为依据，以广大师生需要掌握的 CAD 工程制图技术和环境工程专业设计基本知识为重点，结合实际工程设计图纸进行的，力图使读者可以更好地理解环境工程和 CAD 的密切关系。

修编和增加的内容包括：（1）主要采用以 AutoCAD 2018 为主的较新版本 CAD 教程，更翔实地介绍 AutoCAD 系统二维和三维图形绘制操作方法，通过传授环境工程中涉及的常用工程制图的基础知识和典型环境工程设计图的绘制方法，训练读者的环境工程制图技能。在教材最后附有教学 PPT 和大量练习题，供师生参考和练习使用。（2）更新并增加部分标准和规范内容，例如《房屋建筑制图统一标准》（GB/T 50001—2017，更新图幅、尺寸等标准）和《建筑工程设计信息模型制图标准》（JGJ/T 448—2018）等。（3）增加了大量讲解视频和操作实例、绘图技巧等，扫描二维码即可观看，并将 CAD 常用快捷命令附表列在二维码资源中，方便读者快速学习。（4）加入 CAD 的拓展学习即 BIM 技术的相关内容。（5）更新四套污水处理工艺（卡鲁塞尔氧化沟工艺、CASS 工艺、A^2/O 处理工艺和膜处理工艺）的相关图纸，内含 100 余幅图，供读者观摩学习。

本书还根据 AutoCAD 在环境工程设计中的系统应用，并结合具体的水污染控制、大气污染控制、固体废物处理和噪声污染控制等应用实例制图，对各作图环节进行了实训指导，以便读者在较短时间内熟悉 CAD 系统的操作和规范，掌握使用技巧，达到实训目的。本书趣味性强，言简意赅，由浅入深；内容技巧性强，熟练掌握后可有效加快制图速度；书中穿插了各类环境工程设计图纸，实例丰富，能增强学生学习兴趣并积累实际工程经验。

本书共 14 章，主要编写人员有张晶（第 1 章、第 9 章、第 10 章部分内容、第 11 章部分内容）、潘立卫（第 2 章、第 3 章、第 10 章部分内容）、王嘉斌（第 4 章、第 5 章、第 6 章）、王秀花（第 7 章、第 8 章），王向举（第 9 章部分内容、第 12 章部分内容）、于驰（第 10 章部分内容、第 11 章部分内容）、钟和香（第 12 章部分内容）、丁光辉（第 13 章）、张莉（第 14 章）。编委会对全书进行了文字整理、表格校对以及各章节的图纸汇总编号工作，同时将教材中的二维码、讲解视频、操作实例和图集等进行了修改，在此对编委会表示最诚挚的谢意。

本书可作为普通高等教育环境科学、环境工程、生态工程和给水排水工程等专业的制图课程教材，同时可供环境工程技术人员参考。

由于编者水平和经验有限，加之时间仓促，书中疏漏之处在所难免，恳请读者批评指正。

编 者

目　录

9 环境工程专业绘图实训   107

10 三维绘图基础   175

11 CAD绘制三维图形实训 191

12 环境工程设计绘图操作实例 205

13 水处理工程图集 255

14 BIM技术 261

附录 操作实例视频讲解和CAD常用快捷命令大全 269

参考文献 272

二维码目录

1 绪 论

离娄之明，公输子之巧，不以规矩，不能成方圆。

——《孟子·离娄上》

1.1　CAD 概述

二维码1-1
课程导入

　　自 1946 年世界上第一台电子计算机在美国诞生后，人类就不断地将计算机技术引入工程设计领域。利用计算机来帮助人进行设计，以达到提高设计质量和缩短设计周期等目的，称为计算机辅助设计（Computer Aided Design），简称 CAD。CAD 技术是一项综合性强、发展迅速和应用广泛的高新技术。

　　CAD 的发展可追溯到 1950 年，当时美国麻省理工学院（MIT）在它研制的名为旋风 1 号的计算机上采用了阴极射线管（CRT）做成的图形显示器，可以显示一些简单的图形；20 世纪 60 年代，CAD 技术首先应用于航空工业，接着电子、机械制造业也采用了 CAD 技术。初期的计算机绘图及数据管理方式较为原始，功能有限，仅是图板的替代品，被称为计算机辅助绘图（Computer Aided Drawing）。20 世纪 70 年代，第二代 CAD 采用了高级语言和数据库管理系统，主要应用于 16 位小型计算机；70 年代后期，CAD 软件采用虚拟存储的操作系统，主要用于 32 位的超小型计算机；80 年代中期，CAD 系统的应用逐渐从大、中、小型计算机转移到微型计算机，这种由大到小、灵活组合的 CAD 系统特别适合中小企业和单位；90 年代，随着图形操作系统 Windows 的不断普及，微机平台上的交互式辅助绘图与设计软件包 AutoCAD 功能不断强大。AutoCAD（Auto Computer Aided Design）是 Autodesk（欧特克）公司于 1982 年开发的自动计算机辅助设计软件，用于二维绘图、详细绘制、设计文档和基本三维设计。目前，CAD 技术的发展更趋成熟，AutoCAD 最新版已经发展到 AutoCAD 2020 版本。各大高校、设计院因受到软件更新成本、计算机性能、CAD 功能需求、专业辅助软件配套等因素影响，也因为 AutoCAD 从 2004 版到最新的 2020 版，基础的绘图功能并没有太大变化，目前仍在广泛使用 AutoCAD 2016 和 AutoCAD 2018 等版本。

　　在过去的几十年里，人类已在计算机辅助设计领域中取得了巨大的成就，随着计算机硬件及软件的发展，以及人工智能技术、网络技术和计算机模拟技术等的不断进步，未来 CAD 技术将趋向集成化、智能化、标准化和网络化。今后，随着计算机应用技术的不断发展和渗透，CAD 技术必将在各专业设计领域掀起一场深刻的革命。

1.2　CAD 在环境工程中的应用

　　美国土木工程师学会（American Society of Civil Engineers, ASCE）环境工程分会给出的环境工程的定义为，环境工程（Environmental Engineering）通过健全的工程理论与实践来解决环境卫生问题，主要包括：提供安全、可口和充足的公共给水；适当处理与循环使用废水和固体废物；建立城市和农村符合卫生要求的排水系统；控制水、土壤和空气污染，并消除这些问题对社会和环境所造成的影响。环境工程所涉及的是公共卫生领域里的工程问题。

环境工程专业的人才必须掌握水污染控制、大气污染控制、固体废物处理与处置、物理性污染控制、生态工程等工艺及工程的设计方法，并具有工程设计及表达能力、环境工程制图能力。工程图是工程师的语言，绘图是工程设计乃至整个工程建设中的一个重要环节。图纸的绘制极其烦琐，要求能够正确、精确表达设计意图。随着环境、需求等外部条件的变化，设计方案也会随之变化，需要随时修改设计图纸，这大大增加了绘图工作量，因此能够提高绘图精度和速度、便于编辑修改的计算机辅助绘图软件必不可少。

环境工程的主要研究内容可分为水污染防治工程、大气污染控制工程、固体废物的处理与处置、物理性污染控制、生态工程等；按照总平面布置、处理工艺流程、单元构筑物进行细分，可分为厂址选择及总平面布置、工艺流程设计、高程图、管道布置设计、环保设备的设计与选型、项目概预算等。环境工程设计所涉及的内容多、范围广、专业性强，因此，对从事环境工程设计制图的工作人员提出了更高的要求，其不仅要掌握环境工程工艺设计与计算知识，熟悉相关法律法规、规范图集、制图标准，还必须熟练地应用 CAD 技术辅助设计。一个工程项目的实施，历经可行性研究、方案设计、方案评审、图纸设计、组织施工、调试运行和验收交付等各个环节，图纸作为信息载体在各个环节中是必备的资料之一。AutoCAD 作为辅助设计绘图工具在工程项目的实施过程中同样发挥着重要作用，熟练掌握该软件是十分必要和重要的。

从事环境工程设计的初学者，应该首先掌握一定的专业知识和制图知识，从 CAD 软件基本命令和环境工程设计的简单图形绘制开始学习，下一步可临摹规范的设计图纸，熟悉环境工程设计图纸的各种要素和设计规范，逐渐熟悉 CAD 的各项功能。

1.3　环境工程专业制图标准

1.3.1　国家标准

① 《房屋建筑制图统一标准》（GB/T 50001—2017）
② 《总图制图标准》（GB/T 50103—2010）
③ 《建筑制图标准》（GB/T 50104—2010）
④ 《建筑结构制图标准》（GB/T 50105—2010）
⑤ 《建筑给水排水制图标准》（GB/T 50106—2010）
⑥ 《暖通空调制图标准》（GB/T 50114—2010）
⑦ 《机械工程　CAD 制图规则》（GB/T 14665—2012）
⑧ 《建筑工程设计信息模型制图标准》（JGJ/T 448—2018）

1.3.2　图幅和图标

根据《房屋建筑制图统一标准》（GB/T 50001—2017），图纸幅面的基本尺寸规定有五种，其代号分别为 A0、A1、A2、A3 和 A4。

各号图纸幅面尺寸和图框形式、图框尺寸都有具体规定，详见表 1-1，如图 1-1 所示。

表1-1　幅面及图框尺寸表　　　　　　　　　　　　　　　　　　　　　　　单位：mm

尺寸代号	幅面代号				
	A0	**A1**	**A2**	**A3**	**A4**
b	841	594	420	297	210
l	1189	841	594	420	297
c	10			5	
a	25				

注：表中各项参数的含义如下。

b、l 为图纸的宽度和总长度；a 为留给装订的一边的空余宽度；c 为其他 3 条边的空余宽度。

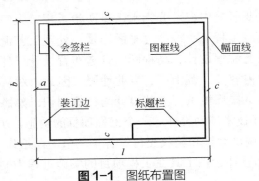

图1-1　图纸布置图

必要时，允许加长幅面，加长量必须符合国家标准《房屋建筑制图统一标准》（GB/T 50001—2017）中的规定（GB 为国家标准代号，GB/T 为推荐性国家标准，50001 为发布顺序号，2017 为发布年份）。短边一般不应加长，长边可加长。加长幅面的尺寸是由基本幅面加长 "$\frac{1}{4} \times l$" 的整数倍后得出［如 A0 加长幅面尺寸是 A0 幅面的长边尺寸 $1189\text{mm} \times (1 + \frac{1}{4}) \approx 1486\text{mm}$］，见表 1-2。

表1-2　图纸长边加长尺寸表　　　　　　　　　　　　　　　　　　　　　　单位：mm

幅面代号	长边尺寸 l	长边加长后尺寸									
A0	1189	1486	1783	2080	2378						
		(A0+$\frac{1}{4}l$)	(A0+$\frac{1}{2}l$)	(A0+$\frac{3}{4}l$)	(A0+l)						
A1	841	1051	1261	1471	1682	1892	2102				
		(A1+$\frac{1}{4}l$)	(A1+$\frac{1}{2}l$)	(A1+$\frac{3}{4}l$)	(A1+l)	(A1+$\frac{5}{4}l$)	(A1+$\frac{3}{2}l$)				
A2	594	743	891	1041	1189	1338	1486	1635	1783	1932	2080
		(A2+$\frac{1}{4}l$)	(A2+$\frac{1}{2}l$)	(A2+$\frac{3}{4}l$)	(A2+l)	(A2+$\frac{5}{4}l$)	(A2+$\frac{3}{2}l$)	(A2+$\frac{7}{4}l$)	(A2+$2l$)	(A2+$\frac{9}{4}l$)	(A2+$\frac{5}{2}l$)
A3	420	630	841	1051	1261	1471	1682	1892			
		(A3+$\frac{1}{2}l$)	(A3+l)	(A3+$\frac{3}{2}l$)	(A3+$2l$)	(A3+$\frac{5}{2}l$)	(A3+$3l$)	(A3+$\frac{7}{2}l$)			

1.3.3　比例

可在 CAD 中按实际构筑物或设备尺寸（单位：mm）画出。如果看不到图的全貌，可从菜单中选【视图】-【缩放】-【全部】，即可看到全部图形。

　　所有图形应放在相应图幅大小的图框中，如A1、A2号图框。图纸实际尺寸可放大或缩小一定的比例后，再放入图框中，也可保持图纸尺寸不变，放大或缩小图框的尺寸后再将图形放入图框。如，可把A1图纸（841mm×594mm）按841mm×594mm画出图框，再放大100倍，将图形放入图框中，则图纸比例为1：100。常见的图纸比例如表1-3所示。

表1-3 图纸比例表

名　称	比　例	备　注
区域规划图、区域位置图	1：50000、1：25000、1：10000、1：5000、1：2000	宜与总图专业一致
总平面图	1：1000、1：500、1：300	宜与总图专业一致
管道纵断面图	纵向：1：200、1：100、1：50，横向：1：1000、1：500、1：300	
水处理厂（站）平面图	1：500、1：200、1：100	
水处理构筑物/设备间/卫生间/泵房平、剖面图	1：100、1：50、1：40、1：30	
建筑给排水平面图	1：200、1：150、1：100	宜与建筑专业一致
建筑给排水轴测图	1：150、1：100、1：50	宜与相应图纸一致
详图	1：50、1：30、1：20、1：10、1：5、1：2、1：1、2：1	

注：1. 在管道纵断面图中，可根据需要对纵向与横向采用不同的组合比例。

　　2. 在建筑给排水轴测图中，如局部表达有困难时，该处可不按比例绘制。

　　3. 水处理流程图、水处理高程图和建筑给排水系统原理图均不按比例绘制。

1.3.4　图线

　　国家标准对图线的规定包括两个方面，即线宽和线型，如表1-4、表1-5所示。

表1-4 线宽表

线宽比	线宽组/mm			
b	1.4	1.0	0.7	0.5
$0.7b$	1.0	0.7	0.5	0.35
$0.5b$	0.7	0.5	0.35	0.25
$0.25b$	0.35	0.25	0.18	0.13

表1-5 线型和宽度表

名　称	线　型	线　宽	用　途
粗实线	——————	b	新设计的各种排水和其他重力流管线
粗虚线	— — — — —	b	原有的各种排水和其他重力流管线的不可见轮廓线
中粗实线	——————	$0.7b$	新设计的各种给水和其他压力流管线
中粗虚线	- - - - - - -	$0.7b$	原有的各种给水和其他压力流管线及重力流管线的不可见轮廓线
中实线	——————	$0.5b$	设备、零（附）件的可见轮廓线；总图中新建的建筑物和构筑物的可见轮廓线
中虚线	- - - - - - -	$0.5b$	原有设备、零（附）件的不可见轮廓线；总图中原有的建筑物和构筑物的不可见轮廓线；原有的各种给水和其他压力流管线的不可见轮廓线
细实线	——————	$0.25b$	建筑的可见轮廓线；总图中原有的建筑物和构筑物的可见轮廓线；制图中的各种标注线
细虚线	··············	$0.25b$	建筑的不可见轮廓线；总图中原有的建筑物和构筑物的不可见轮廓线
单点长画线	—·—·—	$0.25b$	中心线、定位轴线
折断线	～⌇～	$0.25b$	断开界线
波浪线	∿∿∿	$0.25b$	平面图中水面线；局部构造层次范围线；保温范围示意线等

图线的画法如下。

① 同一图样中，同类图线的宽度应基本一致。

② 虚线、点画线及双点画线的线段长度和间隔应各自大小相等。

③ 两条平行线（包括剖面线）之间的距离应不小于粗实线宽度的两倍，其最小距离不得小于 0.7mm。

④ 点画线、双点画线的首尾应是线段而不是点；点画线彼此相交时应该是线段相交；中心线应超过轮廓线 2～3mm。

⑤ 虚线与虚线、虚线与粗实线相交应是线段相交；当虚线处于粗实线的延长线上时，粗实线应画到位，而虚线相连处应留有空隙。

1.3.5　字体

国家标准中，环境工程图纸以及图纸说明用的汉字，应采用长仿宋体注明。

字体的号数即是字体高度，字高系列有 2.5mm、3.5mm、5mm、7mm、10mm、14mm、20mm 等，如表 1-6 所示。

表1-6　长仿宋体字高－字宽关系表　　　　　　　　　　　　　　　单位：mm

字高	20	14	10	7	5	3.5	2.5
字宽	14	10	7	5	3.5	2.5	1.8

1.3.6　尺寸标注

（1）工程图上必须标注尺寸才能使用　尺寸标注，可先自定义一个标注样式，其中可调整标注特征比例为图纸比例。

（2）标注尺寸的要求

① 正确：标注方式符合国家标准规定。

② 完整：尺寸必须齐全。不在同一张图纸上但相同部位的尺寸应一致。

③ 清晰：注写的部位要恰当、明显和排列有序。

（3）标注线段尺寸四要素——尺寸界线、尺寸线、尺寸起止符号、尺寸数字

① 尺寸界线：表示尺寸的度量范围，用细实线绘制，由图形的轮廓线、轴线或对称中心线处引出，也可直接利用它们作尺寸界线。

② 尺寸线：表示尺寸的度量方向，用细实线单独画出，不能用其他图线代替，也不得与其他图线重合或画在其他图线的延长线上。尺寸线与所标注的线段平行。

③ 尺寸起止符号：尺寸线的终端形式。起止符号与尺寸界线接触，不得超出也不得分开。

④ 尺寸数字：表示物体尺寸的实际大小。尺寸数字一般应标注在尺寸线的上方。

1.3.7　标高标注

（1）标高标注位置

a. 沟渠和重力流管道的起讫点、转角点、连接点、变坡点、变尺寸（管

径）点及交叉点；

　　b. 压力流管道中的标高控制点；

　　c. 管道穿外墙、剪力墙和构筑物的壁及底板等处；

　　d. 不同水位线处；

　　e. 构筑物和土建部分的相关标高。

（2）标注方式

　　a. 平面图中，管道标高方式见图 1-2。

　　b. 平面图中，沟渠标高方式见图 1-3。

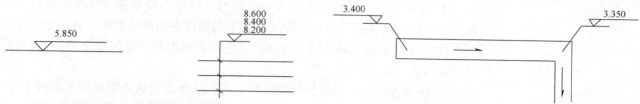

图 1-2　平面图中管道标高　　　　　图 1-3　平面图中沟渠标高

　　c. 剖面图中，管道及水位标高方式见图 1-4。

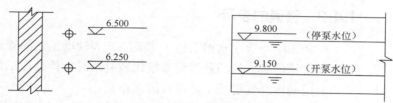

图 1-4　剖面图中管道及水位标高

　　d. 轴测图中，管道标高方式见图 1-5。

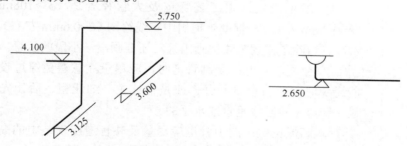

图 1-5　轴测图中管道标高

1.4　环境工程制图

　　环境工程主工艺主要由设备和管道组成。

1.4.1　设备的表示

（1）设备的画法

① 图形：设备一般按一定比例用中实线绘制，要求能显示设备形状的特征和主要的轮廓。有时也要

画出具有工艺特征的内件示意结构，如填料、加热管、搅拌器冷却管等。内件可用细虚线画出，或可用剖视形式表现。

② 相对位置：设备或构筑物的高低一般也按比例绘制。低于地面的须相应画在地平线以下，尽量地符合实际安装情况。对于有位差要求的设备，还要注明其限定的尺寸。

③ 相同设备：相同的设备一般应全部画出。只画出一套时，被省略的设备则须用细双点画线绘出矩形表示，矩形内注明设备的位号和名称等。

（2）设备的标注

① 标注内容：设备在图中应标注位号（序号）及名称。应注意设备位号在同一系统中不能重复，初步设计与施工图设计中的位号应该一致。如果施工图设计中有设备的增减，则位号应按顺序补充或取消（即保留空号），设备的名称应前后一致。

② 标注方式：设备的位号和名称一般标注在相应设备图形的上方或下方。设备位号一般为 3 位数，如 206 中 2 为处理工艺系统号，06 为序号。同一规格的设备有两台以上时，位号要加脚码。

1.4.2 管道的表示

平面图中一般应画出工程中主要工艺和辅助工艺的管道。流程图中画出主要工艺管道即可。当辅助管道系统比较复杂时，待处理工艺管道布置设计完毕后，另绘制辅助管道及工艺流程图以补充。

（1）管道的画法 关于管道画法的规定可参阅国家标准和其他行业的规定。流程图中管道具体画法如下。

① 线型规定：主工艺管道及大管径管道（$\phi > 108$mm）用粗实线绘制（$b = 0.9$mm 左右），辅助管道用中实线绘制（$b = 0.6$mm 左右）。图纸上保温管道、水冷管道除了按规定线型画出外，还要画出一小段的示意。

② 交叉与转弯：绘制管道时，应尽量注意避免穿过设备或管道交叉；不能避免时，应将横管断开，或是辅让主、细让粗、后让先，断开处间隙要明显。管道尽量画成垂直或水平的。

③ 高低位置：图中管道应尽量反映管道在安装中的高低位置，地下管道应画在地平线以下。

（2）管道的标注 管道标注要配有流向箭头、编号、规格及尺寸，并要有测试点、分析点的标注等。

1.4.3 工程图纸图例

在工程设计中，管道上需要用细实线画出全部的阀门和部分管件（如阻火器、变径管和盲板等）的符号，有关规定可参阅国家标准《技术制图 管路系统的图形符号 阀门和控制元件》（GB/T 6567.4—2008），图例如表 1-7～表 1-11 所示。

表1-7 管道图例

序号	名　　称	图　　例	备　　注
1	生活给水管	—— J ——给	
2	热水给水管	—— RJ ——热给	
3	热水回水管	—— RH ——热回	
4	中水给水管	—— ZJ ——中给	
5	循环冷却给水管	—— XJ ——循给	
6	循环冷却回水管	—— XH ——循回	
7	热媒给水管	—— RM ——热媒	
8	热媒回水管	—— RMH ——热媒回	
9	蒸汽管	—— Z ——蒸	
10	凝结水管	—— N ——凝	
11	废水管	—— F ——废	可与中水源水管合用
12	压力废水管	—— YF ——压废	
13	通气管	—— T ——通	
14	污水管	—— W ——污	
15	压力污水管	—— YW ——压污	
16	雨水管	—— Y ——雨	
17	压力雨水管	—— YY ——压雨	
18	膨胀管	—— PZ ——膨胀	
19	保温管	〜〜〜〜	
20	多孔管	↑　　↑　　↑	
21	地沟管	- - - - - - - -	
22	防护套管	▭	
23	管道立管	XL-1　　XL-1 平面　　系统	X: 管道类别 L: 立管 1: 编号
24	伴热管	- - - - - - - -	
25	空调凝结水管	—— KN ——空凝	
26	排水明沟	坡向 ——→	
27	排水暗沟	坡向 ——→	

注：分区管道用加注角标方式表示，如J_1、J_2、RJ_1、RJ_2等。

表1-8 管道附件图例

序号	名 称	图 例	备 注
1	套管伸缩器		
2	方形伸缩器		
3	刚性防水套管		
4	柔性防水套管		
5	波纹管		
6	可曲挠橡胶接头		
7	管道固定支架		
8	管道滑动支架		
9	立管检查口		
10	清扫口	平面 系统	
11	通气帽	成品 蘑菇形	
12	雨水斗	YD-平面 YD-系统	
13	排水漏斗	平面 系统	
14	圆形地漏		通用。如无水封,地漏应加存水弯
15	方形地漏		
16	自动冲洗水箱		
17	挡墩		
18	减压孔板		
19	Y 形除污器		

续表

序号	名　称	图　例	备　注
20	毛发聚集器	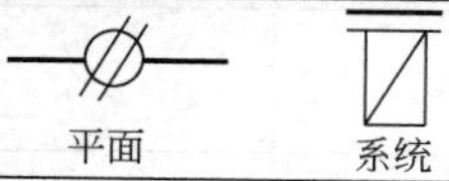 平面　　系统	
21	倒流防止器	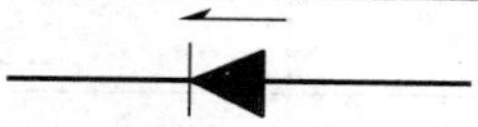	
22	吸气阀		

表1-9　管道连接图例

序号	名　称	图　例	备　注
1	法兰连接	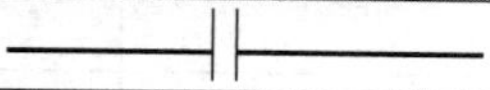	
2	承插连接		
3	活接头	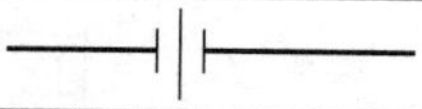	
4	管堵		
5	法兰堵盖		
6	弯折管	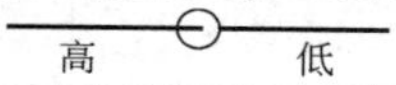 高　低	表示管道向后及向下弯转90°
7	正三通	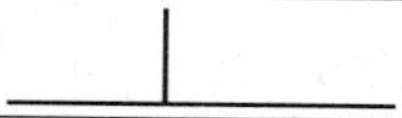	
8	正四通	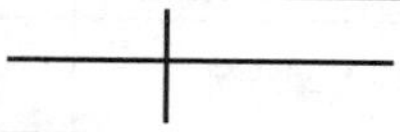	
9	盲板		
10	管道丁字上接	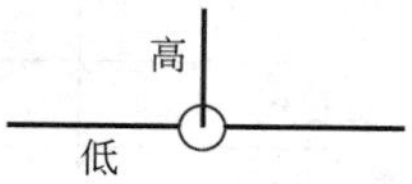 高　低	
11	管道丁字下接	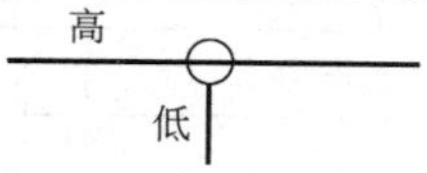 高　低	
12	管道交叉	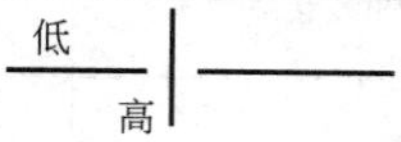 低　高	在下方和后面的管道应断开

表1-10　管路系统中常用阀门图形符号

序号	名　称	图　例	备　注
1	闸阀	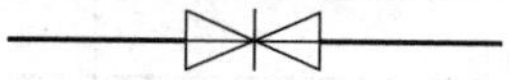	
2	角阀	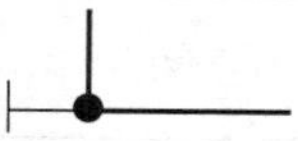	
3	三通阀		
4	四通阀	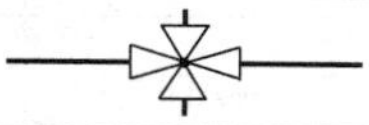	
5	截止阀	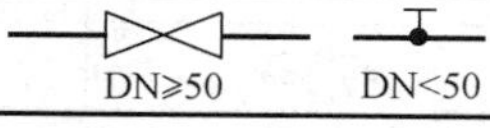 DN≥50　DN<50	

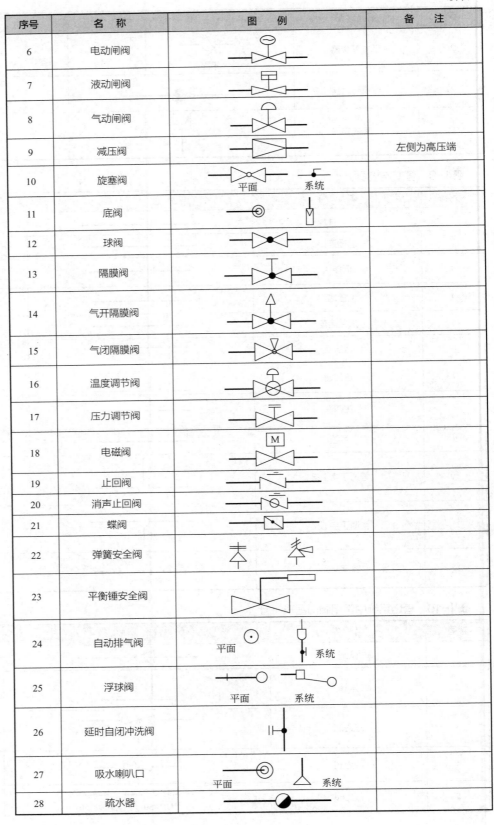

序号	名 称	图 例	备 注
6	电动闸阀		
7	液动闸阀		
8	气动闸阀		
9	减压阀		左侧为高压端
10	旋塞阀	平面　　　系统	
11	底阀		
12	球阀		
13	隔膜阀		
14	气开隔膜阀		
15	气闭隔膜阀		
16	温度调节阀		
17	压力调节阀		
18	电磁阀		
19	止回阀		
20	消声止回阀		
21	蝶阀		
22	弹簧安全阀		
23	平衡锤安全阀		
24	自动排气阀	平面　　　系统	
25	浮球阀	平面　　　系统	
26	延时自闭冲洗阀		
27	吸水喇叭口	平面　　　系统	
28	疏水器		

表1-11 设备及仪表图例

序号	名　称	图　例	说　明	序号	名　称	图　例	说　明
1	泵		用于一张图内只有一种泵	13	水锤消除器		
2	离心水泵			14	浮球液位器		
3	真空泵			15	搅拌器		
4	手摇泵			16	温度计		
5	定量泵			17	水流指示器		
6	管道泵			18	压力表		
7	热交换器			19	自动记录压力表		
8	水 - 水热交换器			20	电接点压力表		
9	开水器			21	流量计		
10	喷射器			22	自动记录流量计		
11	磁水器			23	转子流量计		
12	过滤器			24	减压孔板		

1.4.4　设备布置与设计

　　设备布置的目的是确定各个设备在建筑物内平面与空间的位置，确定场地与建筑物、构筑物的尺寸，确定管道、电气仪表管线、采暖通风管道的走向和位置。

　　（1）设备布置的原则　一个实用美观的设备设计应做到：符合有关国家标准和设计规范，同时又经济合理，操作维修方便，设备布置有序、合理、美观。可以参考已经完成设计和经过实践检验的有价值的参考资料，这样可以提高设计水平和可靠性。

　　设备布置一般应满足以下各项原则。

　　① 满足处理工艺要求。

　　a. 设备布置首先要满足处理工艺的要求，每一个处理工艺过程所需的设备应按照顺序布置，保证处理工艺能正常运行。

　　b. 同类设备应尽量布置在一起，有利于统一管理、集中操作和维修，还可减少备用设备。

　　c. 充分利用位能减少能源的消耗，尽可能利用高程，使处理的污染物自动流送。一般可将计量设备布置在高层，主要处理设备布置在中层，储藏、重型设备（如泵和风机等）布置在最下层。

　　② 符合安全技术要求。

　　a. 易燃易爆车间应加强通风。

　　b. 车间内的防爆墙上的门窗应向外开。

　　c. 设备和通道布置时要考虑安全距离，一般的设备和通道的安全距离可参考表 1-12。

表1-12　设备和通道应有的安全距离

序号	项　　目	净安全距离 d
1	泵与泵的间距 /m	>0.7
2	泵与墙的距离 /m	>1.2
3	泵列与泵列间的距离（双泵列间）/m	>2.0
4	贮槽与贮槽间的距离（车间中一般小容量）/m	0.4~0.6
5	换热器与换热器间的距离 /m	>1.0
6	塔与塔间的距离 /m	1.0~2.0
7	风机与墙的距离 /m	>0.7
8	起吊物与设备最高点的距离 /m	>0.4
9	通廊、操作台通行部分的最小净高度 /m	>2.0~2.5
10	不常通行的地方净高度 /m	1.9
11	设备与通道间的距离 /m	>1.0
12	操作台梯子的斜度	一般情况<45°
		特殊情况 60°

　　d. 处理过程产生有毒或有害物时，要注意将毒性大的与毒性小的隔开；产生有毒有害物的工作点应布置在下风向，通入的风先通过人体，后通过污染源；处理过程中如有产生热量和毒物的设备应布置在多层厂房的上层。

　　e. 具有尘，酸、碱性介质的车间应布置冲洗水源和应有的排水装置。

　　f. 人行道不应铺设有毒气体和液体管道。

　　g. 车间内有害物质不应超过最高容许浓度。

　　③ 便于安装检修：设备布置要充分考虑安装、拆卸和检修的方便，如检修人孔要对应检修通道等。

　　④ 冬季工作地点的温度要求：轻作业的不低于 15℃，中作业的不低于 12℃，重作业的不低于 10℃。

　　⑤ 呼吸要求：要保证人员呼吸到足够的新鲜空气，如 20m³ 的空间内，每人每小时不少于 30m³ 的新鲜空气。

　　⑥ 噪声对人的危害是较大的，因此，如果设备产生较大的噪声就必须有降噪措施；如果不能很好地降噪，就须有较好的个人防护，或减少人员接触噪声的时间。人员允许接触噪声的时间见表 1-13。

表1-13　人员允许接触噪声的时间

接触噪声值 /dB	85	88	91	94
允许接触的时间 t/h	8	4	2	1

　　（2）设备布置图设计

　　① 设备布置图的内容：

　　a. 视图：平面图、立面图（剖面图）。

　　b. 尺寸标注：在图中标出建筑物定位轴线的编号、与设备布置有关的尺寸、设备的位号与名称等。

　　c. 安装方位标：指示安装方位基准的图标。

　　d. 说明与附注：对设备安装有特殊要求的说明。

e. 设备一览表：列表填写设备的位号、名称、数量、材料、重量等。

f. 标题栏：写明图名、图号、比例、设计者等。

② 平面图。设备布置以平面图为主，反映设备平面上的相关位置，每层厂房均要画出一平面图，通常的比例为 1∶50、1∶100、1∶200 或 1∶500。画平面图时要注意以下几点。

a. 为了突出平面图中的设备，厂房平面图要用细实线画出。

b. 用粗实线画出设备可见的轮廓。只要求画出外形轮廓及主要接管口，表示出安装方位。

c. 用中实线画出设备的基础、操作台等的轮廓形状。

d. 尺寸标注时，设备中心线、尺寸线、尺寸管线用细实线画出。要注意以下几点。

Ⅰ. 建筑物定位轴线用点画线标注，要标注厂房长和宽的总尺寸。建筑物的水平定位轴线顺序用阿拉伯数字依次标注，垂直定位轴线用英文大写字母依次标注，数字和字母写在直径 8～10mm 的细线圆中，其尺寸标注允许成封闭的链状，单位为 mm，但图中不写单位。

Ⅱ. 设备定位尺寸标注时应注意尺寸界线是建筑物定位轴线、设备轴线及轮廓线的延长部分。

Ⅲ. 要标注设备基础、平台等的尺寸。

③ 立面图。立面图又称剖面图或设备布置剖面图，它反映设备的空间位置。画立面图时应注意以下事项。

a. 确定剖面图的数目，以完全、清楚地反映出设备与厂房高度方向的位置关系为准，剖面图下注明剖切的位置，如 *A—A* 剖视；

b. 用细实线画出厂房的剖面图，立面图表示的剖切位置要在平面图中表示清楚；

c. 用粗实线画出设备的立面图，并注明设备的位号、名称等；

d. 注明厂房的定位轴线尺寸和标高，标高单位为 m，写成 ±0.000；

e. 注明设备基础标高尺寸；

f. 剖视图也可以与平面图画在同一张图纸上，按剖视的顺序，从左至右，由上而下，按顺序画出。

④ 设备一览表及标题栏。设备一览表要按项目顺序表示完全，当设备较多时也可单列一张或几张，但必须编入图号中。标题栏按照国家标准要求填写。

1.4.5　管道布置与设计

管道布置与设计是环境工程设计中一个重要的组成部分。管道布置与设计是在完成设备平、立面布置之后进行的一项工作。

（1）管道、阀门的选择与设计

① 管道。

a. 常用管材种类。

塑料管道：塑料管一般是以塑料树脂为原料，加入稳定剂、润滑剂等经熔融而成的制品。由于它具有质轻、耐腐蚀、外形美观、无不良气味、加工容易、施工方便等特点，在建筑工程中获得了越来越广泛的应用。它主要用作房屋建筑的自来水供水系统配管，排水、排气和排污卫生管，地下排水管系统、雨水管以及电线安装配套用的穿线管等。塑料管有热塑性塑料管和热固性塑料管两大类。热塑性塑料管采用的主要树脂有聚氯乙烯树脂（PVC）、聚乙烯树脂（PE）、聚丙烯树脂（PP）、聚苯乙烯树脂（PS）、丙烯腈-丁二烯-苯乙烯树脂（ABS）和聚丁烯树脂（PB）等；热固性塑料采用的主要树脂有不饱和聚酯树脂、环氧树脂、呋喃树脂和酚醛树脂等。

金属管道：目前常用的金属管主要有钢管、镀锌管、铸铁管。钢管价格较高，主要用于热水管道。钢管按其制造方法分为无缝钢管和焊接钢管两种。无缝钢管用优质碳素钢或合金钢制成，有热轧和冷轧（拔）之分。焊接钢管是由卷成管形的钢板以对缝或螺旋缝焊接而成，在制造方法上，又分为低压流体输

送用焊接钢管、螺旋缝电焊钢管、直接卷焊钢管、电焊管等。无缝钢管可用于各种液体、气体管道等。焊接管道可用于输水管道、煤气管道、暖气管道等。镀锌管道仍作为建筑给水管的主要管材，它比钢管价格低，但防腐性差。

b. 管径。管道直径的大小可用管道外径、内径或内外径作为定性尺寸。

公称直径：工程上对外径相同而实际内径相近（但不一定相等）的管道，常用公称直径来表示其管道直径的大小，用符号 Dg 和 DN 表示。

例如 $\phi108mm\times4mm$ 和 $\phi108mm\times6mm$ 无缝钢管，都称作公称直径为 100mm 的钢管，但它们的内径分别是 100mm 和 96mm。

采用公称直径的目的：公称直径是管道、阀门和管件的特性参数，采用公称直径可使管道、阀门和管件的联结参数统一，利于工程的标准化。

公称直径的单位一般以"mm"计，如 DN100，是指公称直径为 100mm 的管子；另一种是用英制单位"英寸"计，1 英寸约折合 25mm，DN100 管也称为 4 分管。

c. 公称压力。指管道中在一定温度范围内的最高允许压力，用符号 PN 表示。

一般来说，管路工作温度在 0～120℃范围内时，工作压力和公称压力是一致的；但温度高于 120℃时工作压力低于公称压力。在不同温度下，工作压力与公称压力的关系如表 1-14 所示。

表1-14   不同温度下工作压力与公称压力的关系

级别	工作温度 /℃	公称压力 /MPa	工作压力 /MPa	级别	工作温度 /℃	公称压力 /MPa	工作压力 /MPa
I	0～120	100	100×100%	IV	>400～425	100	100×51%
II	>120～300	100	100×80%	V	>425～450	100	100×43%
III	>300～400	100	100×64%	VI	>450～475	100	100×34%

公称压力从 0.25～32MPa 共分 12 级，分别是 0.25MPa、0.6MPa、1.0MPa、1.6MPa、2.5MPa、4.0MPa、6.4MPa、10.0MPa、16.0MPa、20.0MPa、25.0MPa、30.0MPa。按目前习惯，PN0.25～1.6MPa 为低压，PN1.6（不含）～6.4MPa 为中压，PN6.4MPa 以上为高压。

② 阀门。

a. 阀门种类如下。

I. 阀门按用途可分为以下几类。

关断类：这类阀门只用来截断或接通流体，如截止阀、闸阀和球阀等。

调节类：这类阀门用来调节流体的流量或压力，如调节阀、减压阀和节流阀等。

保护门类：这类阀门用来起某种保护作用，如安全阀、逆止阀及快速关闭门等。

II. 阀门按压力可分为以下几类。

真空阀：PN 低于大气压力。

低压阀：PN≤1.6MPa（16kgf/cm²。其中，1kgf≈9.8N）。

中压阀：PN=1.6（不含）～6.4MPa（16～64kgf/cm²）。

高压阀：PN=6.4（不含）～80MPa（64～800kgf/cm²）。

超高压阀：PN>80MPa（800kgf/cm^2）。

Ⅲ. 阀门按工作温度可分为：低温阀，$t<-30℃$；常温阀，$-30℃≤t<120℃$；中温阀，$120℃≤t≤450℃$；高温阀，$t>450℃$。

Ⅳ. 阀门按驱动方式可分为：手动阀、电动阀、气动阀和液动阀等。

Ⅴ. 电厂化学系统的常用阀门主要有：蝶阀（包括手动蝶阀、气动蝶阀和电动蝶阀）、隔膜阀（手动、气动）、截止阀、闸阀、球阀、止回阀、减压阀和安全阀等。

蝶阀：是用随阀杆转动的圆形蝶板作启闭件，以实现启闭动作的阀门。蝶阀主要作截断阀使用，亦可设计成具有调节或截断兼调节的功能。蝶阀主要用于低压大中口径管道上。

闸阀：也叫闸板阀，它依靠闸板密封面高度光洁、平整与一致，相互贴合来阻止介质流过，并依靠顶楔来增加密封效果。其启闭件沿阀座中心线垂直方向做直线升降运动以接通或截断管路中的介质。

隔膜阀：是一种特殊形式的截断阀，其内部结构与其他阀门的主要区别在于无填料函。其启闭件是一块采用强度较高或耐磨的材料制成的隔膜，它将阀体内腔与阀盖内腔隔开，从而消除了阀门的驱动部件易受介质侵蚀造成外泄的隐患。隔膜阀主要用于含硬质悬浮物、腐蚀性介质和密封要求高的设备与管道系统。

截止阀：是一种常用的截断阀，主要用于接通或截断管路中的介质，一般用于中、小口径的管道，适用的压力、温度范围很大。截止阀一般不用于调节介质流量。截止阀阀体的结构形式有直通式、直流式和角式：直通式是最常见的结构，但其流体阻力最大；直流式的流体阻力较小，多用于含固体颗粒或黏度大的流体；角式阀体多采用锻造方式，适用于较小口径、较高压力的管道。

止回阀：是能自动阻止流体倒流的阀门，也称为逆止阀。止回阀的阀瓣在流体压力下开启，流体从进口侧流向出口侧，当进口侧压力低于出口侧时，阀瓣在流体压差、本身重力等因素作用下自动关闭以防止流体倒流。止回阀通常被用于泵的出口。

止回阀一般分为升降式、旋启式、蝶式及隔膜式等几种类型。升降式止回阀的结构一般与截止阀相似，其阀瓣沿着通道中心线做升降运动，动作可靠，但流体阻力较大，适用于较小口径的场合。旋启式止回阀的阀瓣绕转轴做旋转运动，其流体阻力一般小于升降式止回阀，它适用于较大口径的场合。蝶式止回阀的阀瓣类似于蝶阀，其结构简单、流阻较小，水锤压力亦较小。隔膜式止回阀有多种结构形式，均采用隔膜作为启闭件，由于其防水性能好、结构简单、成本低，近年来发展较快。但隔膜式止回阀的使用温度和压力受到隔膜材料的限制。

球阀：是用带圆形通孔的球体作为启闭件，球体随阀杆转动，以实现启闭动作的阀门。球阀的主要功能是切断和接通管道中的介质流通通道，其工作原理是借助手柄或其他驱动装置使球体旋转90°，使球体的通孔与阀体通道中心线重合或垂直，以完成阀门的全开或全关。

减压阀：它的作用是将设备的管路内介质的压力降低到所需压力。它依靠其敏感元件（膜片、弹簧片等）改变阀瓣的位置，增加管路局部阻力，从而使介质的压力降低。

安全阀：是设备和管道的自动保护装置，在化学水处理设备和管道中，常用于蒸汽管道、加热器、压缩空气管道和储气罐等压力容器上。当介质压力超过规定数值时，安全阀自动开启，以排除过剩介质压力；当压力下降到回座压力时，能自动关闭，以保证生产运行安全。

安全阀按其结构不同分为直通式安全阀和脉冲式安全阀两种，直通式安全阀又分为杠杆重锤式安全阀和弹簧式安全阀。化水系统常用的为弹簧式安全阀。弹簧式安全阀的工作原理：正常运行时，弹簧向下的作用力大于流体作用在门芯上的向上作用力，安全阀关闭；一旦流体压力超过允许压力，则流体作用在门芯上的向上作用力增加，门芯被顶开，流体溢出，待流体压力下降至弹簧作用力以下后，弹簧又压住门芯，迫使它关闭。

b. 公称直径。阀门的公称直径只是一个标识，由符号"DN"和数字的组合表示。公称尺寸不能代表

实测的阀门口径值，阀门的实际口径值由相关的各标准规定，一般实测值（单位：mm）不得小于公称尺寸数值的 95%。公称尺寸分公制（符号：DN）和英制（符号：NPS），国内标准阀门采用公制，美国标准阀门为英制。公制 DN 数值如表 1-15 所示。

表1-15　公制阀门的公称直径数值

DN6	DN8	DN10	DN15	DN20	DN25	DN32	DN40	DN50
DN65	DN80	DN100	DN125	DN150	DN200	DN250	DN300	DN350
DN400	DN450	DN500	DN600	DN700	DN800	DN900	DN1000	DN1100
DN1200	DN1400	DN1500	DN1600	DN1800	DN2000	DN2200	DN2400	DN2600
DN2800	DN3000	DN3200	DN3400	DN3600	DN3800	DN4000		

c. 公称压力。阀门的公称压力 PN 是一个用数字表示的与压力有关的代号，是提供参考用的一个方便的圆整数。PN 是近似于折合常温的耐压值（单位：MPa），是国内阀门通常所使用的公称压力（表 1-16）。对碳钢阀体的控制阀，公称压力指在 200℃以下应用时允许的最大工作压力；对铸铁阀体，公称压力指在 120℃以下应用时允许的最大工作压力；对不锈钢阀体的控制阀，公称压力指在 250℃以下应用时允许的最大工作压力。

表1-16　阀门公称压力系列　　　　　　　　　　　　　　　　单位：MPa（bar）

0.05(0.5)	0.1(1.0)	0.25(2.5)	0.4(4.0)	0.6(6.0)	0.8(8.0)
1.0(10.0)	1.6(16.0)	2.0(20.0)	2.5(25.0)	4.0(40.0)	5.0(50.0)
6.3(63.3)	10.0(100.0)	15.0(150.0)	16.0(160.0)	20.0(200.0)	25.0(250.0)
28.0(280.0)	32.0(320.0)	42.0(420.0)	50.0(500.0)	63.0(630.0)	80.0(800.0)
100.0(1000.0)	125.0(1250.0)	160.0(1600.0)	200.0(2000.0)	250.0(2500.0)	335.0(3350.0)

③ 设计。

a. 计算任务。管道设计的计算任务为：确定管道的管径和管道系统的压力损失。

b. 计算程序及内容。

Ⅰ. 绘制管道系统图，又称轴测图，在图中对管段进行编号、标注长度和流量。

Ⅱ. 选择管内流速以计算管径流速的原则是：从技术和经济两方面来确定管内流速。当流量一定时，若所选择的管内流速较高，则管径降低，材料消耗少，一次性投资减少。但是由于流速较高，压力损失也就较高，运行所需的动力消耗增加，也就是运行费用增加，管道和设备磨损加大，噪声增加。反之，若选择低流速则所需的管径加大，材料消耗大，一次性投资增加，但压力损失小。

Ⅲ. 确定管径。流速确定后，可根据处理的流体流量计算出管径，计算方法如下。

如果管道是圆管，则由公式

$$Q=SV=\pi d^2V/4$$

推导出

$$d=\sqrt{\frac{4Q}{\pi V}}$$

式中，Q 为流体体积流量，m³/s；S 为管道横截面面积，m²；V 为流体平均流速，m/s；d 为管道直径，m。
④ 计算系统总压力损失。

a. 最不利管路的概念。最不利管路是指压力损失最大的管路。如图 1-6 所示为某一除尘系统管道。

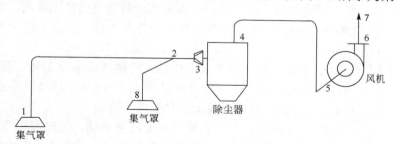

图 1-6 除尘系统管道

b. 计算管路的摩擦压力损失。从图 1-6 中可以看出，管路摩擦压力损失有：Δp_{1-2}、Δp_{2-3}、Δp_{4-5}、Δp_{6-7}、Δp_{8-2}。各管段的摩擦压力损失可根据下式进行计算。

$$\Delta p = \lambda \times \frac{l}{d} \times \frac{v^2}{2g} \times \rho$$

式中，Δp 为管路压力损失；λ 为管壁摩擦系数；l 为管路长度；d 为管道直径；v 为管道内空气平均流速；g 为重力加速度；ρ 为空气密度。

c. 局部压力损失。从图 1-6 中可以看出，局部压力损失有：Δp_{m1-2}（有三部分，集气罩、弯头和三通压力损失）、Δp_{m3}（变径管压力损失）、Δp_{m3-4}（设备压力损失）、Δp_{m4-5}（有三个弯头）、Δp_{m6-7}（风帽）、Δp_{m2-8}（集气罩和弯头）。

d. 并联管路压损平衡。为了保证并联的各个管路能正常地运行，并联各个管路的压力损失应尽量相等，如不能相等，各个管路的压损相差不能超过 10%。

因为 $\Delta p = \Delta p_{a-b} + \Delta p_m$，所以图中的两并联管路的压损分别为 $\Delta p'_{1-2} = \Delta p_{1-2} + \Delta p_{m1-2}$ 和 $\Delta p'_{8-2} = \Delta p_{8-2} + \Delta p_{m8-2}$，则两并联管道不能按照设计风量进行工作，因此需要通过调节管径或调节阀门开启的位置来调整压力损失，以使二者压力损失平衡。

e. 根据上述计算的压力损失值选择风机。根据上述计算的并联管道的压力损失加上串联管道总的压力损失选择风机的大小，同时要考虑整个系统的漏风率，一般漏风率为总风量的 10%～20%。

（2）管道布置的原则与要求

① 划分系统的原则。复杂管网在下列情况下不能合为一个系统。

a. 污染物混合可能引起燃烧和爆炸；

b. 不同温度气体混合引起管道内结露；

c. 不同污染物混合影响回收利用。

② 管道布置设计的要求。管道布置应符合下列要求。

a. 符合处理工艺流程的要求，并能满足处理的要求；

b. 便于操作管理，并能保证安全运行；

c. 便于管道的安装和维护；

d. 要求管道整齐美观，标志明显，并尽量节约材料和投资。

管道布置除了符合上述要求外，还应仔细考虑下列问题。

a. 物料特性：输送易燃、易爆物料时，管道中应设安全阀、防爆阀、阻火器、水封，且远离人们经常工作和生活的区域；腐蚀性物料的管道不要安装在通道的上方，在管束中应设置于下方或外侧；冷热

管道尽量相互避开，一般是热管道在上方、冷管道在下方。

b. 考虑便于施工、操作和维修：管道要尽量明装架空，尽量减少管道暗装的长度；管道尽量成行、平行敷设，走直线，靠墙布置，减少交叉和拐弯；管道与梁、柱、墙、设备及其他管道之间留出距离，如管道距墙应不小于 150～200mm；阀门位置要便于操作和维修，阀门、法兰应尽量错开，以减小间距。

c. 管道与道路的关系：通过人行横道的管道与地面的净距离要大于 2m；通过公路的管道与道路的净距离要大于 4.5m；通过铁路的管道与铁路的净距离要大于 6m；高压电线下不宜架设管道。

d. 管道维护：一般金属管道要注意防锈，同时要用颜色表明管道的用途。输送冷或热的流体时，一般要注意保温，并要考虑热胀冷缩，尽量利用 L 或 Z 形管道，若 L 或 Z 形管道不足，则架设时需在管道中增加膨胀器。

e. 与处理工艺的配合：以除尘风管为例。风管应垂直或倾斜布置，倾斜角不小于 55°；如必须水平敷设，要使管道内有足够的流速，保证在风管内不堆积尘。另外，在管道上要设置卸灰装置和清扫孔。

不同性质的排气，如水、蒸汽和粉尘，不能合用同一管道系统，以免管道堵塞。

（3）管道布置图设计 管道布置图又称管道安装图或配管图，是处理工艺管道安装施工的依据，一般有一组平面图和剖视图以及有关尺寸及方位等内容。

平面图上一般画出全部管道、设备、建筑物或构筑物的简单轮廓、管件阀门、仪表控制点及有关尺寸。

立面图或剖面图则是用于清楚地表达管道空间布置的不同。立面图或剖面图可以与平面图画在同一张图纸上，也可以单独画在另一张图纸上。

① 平面图设计。管道平面布置图一般应与设备的平面布置图一致，即按建筑标高平面分层绘制，各层管道平面布置图是将楼板以下的建（构）筑物、设备和管道等全部画出。

线条：除管道外的全部内容用细实线画出。注意事项：设备的外形轮廓要按比例画出，要画出设备上连接管口和预留管口的位置。

a. 用细实线画出厂房平面图，画法与设备布置图相同，标注柱网轴线编号和柱距尺寸；

b. 用细实线画出所有设备的简单外形和所有管口，加注设备编号和名称；

c. 用粗实线画出所有处理工艺的管道，并标注管段编号、规格等；

d. 用常用或规定的符号在要求的部位画出管件、管架及阀门等；

e. 标注厂房定位轴线的分尺寸和总尺寸、设备的定位尺寸、管道定位尺寸和标高。

② 剖面图设计。剖切平面位置线的画法及标注方式与设备布置图相同。剖面图可按 Ⅰ—Ⅰ、Ⅱ—Ⅱ … 或 A—A、B—B… 顺序编号。

a. 画出地平线或室内地面、各楼面和设备基础，标注其标高尺寸；

b. 用细实线按比例画出设备简单外形及所有管口，标注其标高尺寸；

c. 用粗实线画出所有的主管道和辅助管道，可标明编号、规格等；

d. 用规定和常用的符号，画出管道上的阀门和仪表控制点。

③ 管道布置图的标注。具体如下。

a. 建（构）筑物：建（构）筑物的结构构件常被用作管道布置的定位基准，所以在管道平面和剖视图上都应标注建筑定位轴线编号，定位轴线间的分尺寸和总尺寸，以及平台和地面、楼板、屋顶及构筑物的标高。

b. 设备：设备是管道布置定位标准，应标注设备编号、名称及在定位平面图上标注所有能标注的定位尺寸及标高、物料的尺寸。

c. 管道：在管道上应标注流动方向和管号。立面或剖面图上也应标注定位尺寸和所有管道的标高。定位尺寸以 mm 为单位，标高以 m 为单位。

普通的定位尺寸可以以设备中心线、设备管口法兰、建筑定位轴线，或墙面、柱面为基准进行标注，同一管道的标注基准应一致。

管道安装标高均以厂房内地面 ±0.00 为基准，一般标注管底外表面的安装高度，标注方式为"5.00""▽5.00"或"5.00（Z）""▽5.00（Z）"（括号内的"Z"表示管道中线标高）。

d. 管件与阀门：管件接头、变径管、弯头、三通、法兰等在管道布置图中应用常用符号画出，但一般不标注定位尺寸。

阀门也用规定符号在平面布置图中画出，在立面或剖面图中标注安装标高。

e. 管道支架：在管道布置图中的管架符号上应用指引线引出方框来标注管架代号（表 1-17）。

表1-17　管架代号及类型

序号	管架类型	代号	序号	管架类型	代号
1	固定支架	A	6	弹簧支架	SS
2	基础支架	BC	7	托管	SH
3	导向支架	G	8	停止支架（止推）	ST
4	吊架	H	9	防风支架	WB
5	托架	RS			

二维码1-2　第1章
在线习题

2 AutoCAD 基础

学而不思则罔，思而不学则殆。

——《论语·为政》

2.1　启动 AutoCAD

AutoCAD 的启动方式有如下几种。

① 双击桌面的 AutoCAD 快捷图标 ，启动 AutoCAD。

② 依次点击 Windows【开始】-【所有程序】-【Autodesk】-【AutoCAD 2018 Simplified Chinese】-【AutoCAD 2018】，启动 AutoCAD。

③ 打开【我的电脑】，进入 AutoCAD 2018 的安装目录，双击可执行文件 "acad" A acad ，启动 AutoCAD。

④ 双击扩展名为 ".dwg" 的文件 ，启动 AutoCAD。此种启动方式需要 Windows 系统默认的 ".dwg" 文件打开方式为 AutoCAD。

2.2　AutoCAD 的工作界面

AutoCAD 2018 的工作界面主要由标题栏、菜单栏、工具栏、状态栏、绘图窗口、文本窗口、命令行和工具选项面板窗口组成。启动 AutoCAD 2018 后，其工作界面如图 2-1 所示。

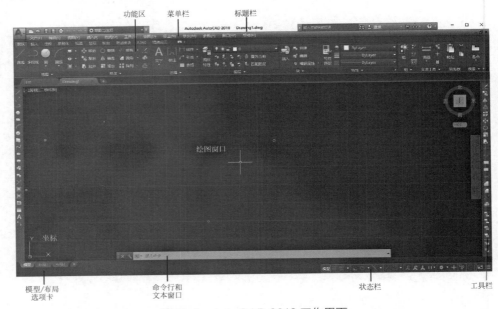

图 2-1　AutoCAD 2018 工作界面

（1）标题栏　AutoCAD 2018 的标题栏中间显示应用程序名称和当前图形的名称，如 AutoCAD 2018-[Drawing1.dwg]；两侧包括控制图标以及窗口控制按钮，从左向右分别为最小化窗口按钮、最大化窗口按钮和关闭按钮。另外，通过双击标题栏可以实现窗口还原与窗口最大化的切换。右键点击标题栏的空白处，会弹出下拉菜单如图 2-2 所示，能够实现窗口的还原、移动、大小、最小化、最大化、关闭等操作。

（2）菜单栏　AutoCAD 2018 的菜单栏包括 12 个一级菜单项和 3 个绘图窗口控制按钮。一级菜单有文件、编辑、视图、插入、格式、工具、绘图、标注、修改、参数、窗口、帮助，绘图窗口的控制按钮分别是最小化按钮、最大化按钮、关闭按钮。各菜单的展开项如图 2-3 所示。文件菜单主要实现对文件的新建、打开、关闭、保存、另存为、输出、发布、打印以及图形特性管理等功能；编辑菜单主要实现对绘制图形的选择、查找、复制、粘贴、放弃、重做等功能；视图菜单主要实现对图形

图 2-2　标题栏右键菜单

的重画、重生成、缩放、平移、观察、视口、视图、视觉样式、工具栏调整等功能；插入菜单主要实现块、参照底图、字段、其他对象文件的插入与管理功能；格式菜单主要实现对图层、颜色、线型、线宽、文字样式、标注样式、表格样式、点样式、多线样式、单位、厚度、图形界限的设定与管理功能；工具菜单提供对 CAD 工作空间、选项板、命令行、工具栏等的管理功能，提供拼写检查、快速选择功能，提供绘图顺序调整、距离面积查询、字段更新等功能，提供块编辑工具与属性提取功能，提供应用程序加载、脚本运行、

图 2-3　菜单展开项

宏管理以及AutoLISP工具，提供显示图形抓取工具，提供UCS管理工具，提供CAD标准文件管理工具，提供CAD发布、打印输出向导工具，提供草图设置、数字化仪工具，提供工具菜单自定义功能，提供CAD选项设置功能；绘图菜单提供绘制CAD图形的常用绘图功能、3D建模功能以及文字编辑功能；标注菜单实现对图形的标注功能；修改菜单提供对图形的常用编辑修改功能；参数菜单提供图形的条件约束功能；窗口菜单提供对绘图窗口的控制功能；帮助菜单提供AutoCAD帮助功能。

AutoCAD 大多数的重要菜单项均设有组合键，如【文件】的组合键为【Alt+F】，【编辑】的组合键为【Alt+E】，另外 AutoCAD 对于常用命令还提供了快捷键功能，如【复制】的快捷键为【Ctrl+C】，在任何情况下按下快捷键，软件都会执行项目的命令。

（3）功能区　打开功能区操作如下：单击【工具】-【选项版】-【功能区】，AutoCAD 2018 将功能区默认打开。功能区由工具栏组成，工具栏由若干个命令图标按钮组成，通过工具栏可以快速地调用 AutoCAD 的常用命令。根据绘图需要及个人习惯，可以添加或者关闭相应的工具栏。具体操作如下：单击【工具】-【工具栏】-【AutoCAD】，弹出【工具栏】快捷菜单如图 2-4 所示，选择想要添加的工具栏，点击左键，则工具栏左侧显示"√"，如要关闭工具栏，只需再次点击，"√"消失，表示已经关闭。

（4）状态栏　状态栏位于主窗口的底部，左侧用于显示光标当前的 X、Y、Z 坐标；右侧的按钮为绘图状况控制按钮，用于显示和控制捕捉、栅格、正交、极轴、对象捕捉、对象追踪、DUCS（动态UCS）、DYN（动态输入）、线宽、模型的状态；还有通讯中心、锁定以及清除屏幕按钮。状态栏同样支持自定义，右键点击状态栏的空白处，可以调出状态栏设置快捷菜单，通过快捷菜单可以设置状态栏的显示按钮。

（5）绘图窗口　绘图窗口是用户绘图的工作区域，默认底色是黑色，底色的颜色可以自定义。AutoCAD 2018 支持多文档操作，可以同时打开多个图形文件，每个文件在独立窗口中打开，可以从菜单栏中的【窗口】菜单切换图形窗口，或排列查看。

（6）命令行与文本窗口

① 命令行是 AutoCAD 2018 键盘输入、命令提示和信息查询的文字区域，

图 2-4　工具栏

可以使用键盘在命令行直接输入命令进行绘图操作，是 AutoCAD 最为快捷的操作方式。可以通过鼠标拖动的方式改变命令行大小，也可以用【Ctrl+9】组合键打开或者隐藏命令行。

② 文本窗口。使用【F2】键，可以调出文本窗口，以窗口的形式显示出更多的命令操作历史记录，同时文本窗口的最下方一行为命令行，可以执行 AutoCAD 命令。

2.3　基本命令的输入方式

AutoCAD 2018 的输入设备为键盘与鼠标，使用键盘可以通过命令行输入"命令"实现对 AutoCAD 2018 的命令调用与图形绘制、编辑等操作，使用快捷键与组合按键可以实现对 AutoCAD 命令的快速调用；使用鼠标可以实现对 AutoCAD 2018 快捷命令、菜单命令的调用，以及图形的绘制，图形的平移、缩放等操作。

（1）键盘输入　AutoCAD 2018 提供了动态输入与命令行输入两种键盘输入方式，可以通过键盘输入 AutoCAD "命令"以实现绘图操作。空格键与回车键是确认按键，【Esc】键可以用来取消操作或中断命令执行。如图 2-5 所示，在命令行中输入命令"LINE"并确认，AutoCAD 会执行该绘制直线命令，根据命令提示一次输入第一点坐标"0,0"，与下一点坐标"10,10"，则能够在绘图窗口绘制出一条起点与终点 (x, y) 坐标分别为（0,0）、（10,10）的直线，按下【Esc】键可以结束直线绘制命令。使用上、下方向键可以显示上一条与下一条已执行命令。

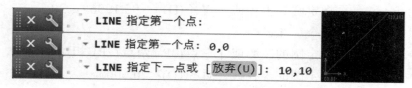

图 2-5　键盘输入绘制直线示例

AutoCAD 中有部分命令可以嵌套于其他命令的执行过程中运行，这种命令称为透明命令。通常透明命令为改变图形设置及绘图工具的命令，如缩放、栅格和捕捉等命令。在执行其他命令的过程中，如需要调用透明命令，可以在命令行中输入"+透明"命令来实现。执行完成透明命令或者中断透明命令后，AutoCAD 自动回到原命令的执行点。例如，在绘制直线命令的过程中输入"ZOOM"，则自动执行缩放命令，缩放命令执行完成后继续执行绘制直线命令。

（2）鼠标输入　鼠标输入在 AutoCAD 基本选项设置、图形绘制过程中发挥着重要作用。鼠标的输入主要依靠其左键、右键完成，AutoCAD 2018 同时还支持 3D、4D 鼠标，可以利用鼠标的滚轮与侧键实现更多操作。以右手鼠标为例，鼠标左键主要用于实现对象的选择和定位，如点选菜单项、图标按钮以及选择图形等；AutoCAD 对鼠标右键的默认设置是弹出快捷菜单，具体快捷菜单的内容与鼠标光标所在位置及其系统状态有关；AutoCAD 对鼠标中键的默认设置是实现对图形的缩放与平移，滚动中键能够实现对图形的缩放，按下中键并移动鼠标则能够实现对图形的移动。

另外，鼠标右键的另一个功能是等同于通过键盘输入回车键的功能，在命令行提示选择对象时按下鼠标右键来完成选择；AutoCAD 支持鼠标左键的双击操作，例如双击图形对象则弹出对象特性窗口、双击文字弹出文字编辑窗口、双击填充对象弹出填充编辑窗口等。

（3）键盘鼠标的配合使用　AutoCAD 图形的绘制过程涉及的绘图命令很多，绘制图形同样复杂多变，因此 AutoCAD 的输入方式需要键盘与鼠标的配合使用，在灵活运用键盘进行命令输入的同时，也要借助

于鼠标的灵活性与便利性进行图形的选择、编辑，以及对菜单命令、快捷命令的调用。AutoCAD 支持命令快捷键的自定义以及鼠标功能键的自定义，便于 AutoCAD 的使用者根据自己的操作习惯建立个性化的操作方式。

（4）使用菜单与工具栏实现命令输入　除了在命令行与动态输入窗口输入命令外，AutoCAD 还支持通过菜单、工具栏以及命令按钮来实现命令的调用。对菜单的调用可以使用鼠标点选，也可以使用菜单的快捷键或组合快捷键来完成；工具栏与命令按钮可以通过鼠标的点选来调用。

2.4　绘制二维图形实例——车标（奥迪、奔驰、宝马等）

二维码2-1　车标的绘图

2.4.1　奥迪车标绘制

命令：circle
指定圆的圆心或［三点(3P)/两点(2P)/相切、相切、半径(T)］：0,0
指定圆的半径或［直径(D)］<95.1956>：20
命令：circle
指定圆的圆心或［三点(3P)/两点(2P)/相切、相切、半径(T)］：25,0
指定圆的半径或［直径(D)]<20.0000>：
命令：circle
指定圆的圆心或［三点(3P)/两点(2P)/相切、相切、半径(T)］：50,0
指定圆的半径或［直径(D)]<20.0000>：
命令：circle
指定圆的圆心或［三点(3P)/两点(2P)/相切、相切、半径(T)］：75,0
指定圆的半径或［直径(D)］<20.0000>：
奥迪车标绘制及渲染成图如图 2-6 所示。

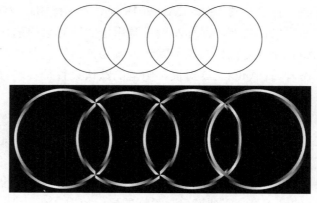

图 2-6　奥迪车标

2.4.2   奔驰车标绘制

命令：c

CIRCLE 指定圆的圆心或［三点 (3P)/ 两点 (2P)/ 相切、相切、半径 (T)］：0,0

指定圆的半径或［直径 (D)］<20.0000>：20

命令：line

指定第一点：0,0

指定下一点或［放弃 (U)］：@20<90

指定下一点或［放弃 (U)］：

命令：line

指定第一点：0,0

指定下一点或［放弃 (U)］：@20<210

指定下一点或［放弃 (U)］：

命令：

LINE 指定第一点：0,0

指定下一点或［放弃 (U)］:@20<330

指定下一点或［放弃 (U)］：

奔驰车标绘制及渲染成图如图 2-7 所示。

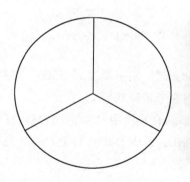

图 2-7   奔驰车标

2.4.3   宝马车标绘制

命令：c

circle

指定圆的圆心或［三点 (3P)/ 两点 (2P)/ 切点、切点、半径 (T)］：0,0

指定圆的半径或［直径 (D)］：15

命令：circle

指定圆的圆心或［三点 (3P)/ 两点 (2P)/ 切点、切点、半径 (T)］：0,0

指定圆的半径或［直径 (D)］<15.0000>：10

命令：line

指定第一个点：–10,0

指定下一点或［放弃 (U)］：@20,0

指定下一点或［放弃 (U)］：

命令：line

指定第一个点：0,10

指定下一点或［放弃 (U)］：@0,–20

指定下一点或［放弃 (U)］：

命令：hatch

拾取内部点或［选择对象 (S)/ 删除边界 (B)］：正在选择所有对象 …

正在选择所有可见对象 …

正在分析所选数据 …

正在分析内部孤岛 …

命令：text

当前文字样式："Standard" 　文字高度：0.2000　注释性：否

指定文字的起点或［对正 (J)/ 样式 (S)］：j

输入选项［对齐 (A)/ 布满 (F)/ 居中 (C)/ 中间 (M)/ 右对齐 (R)/ 左上 (TL)/ 中上 (TC)/ 右上 (TR)/ 左中 (ML)/ 正中 (MC)/ 右中 (MR)/ 左下 (BL)/ 中下 (BC)/ 右下 (BR)］：m

指定文字的中间点：–8.75,8.75

指定高度＜0.2000＞：3.5

指定文字的旋转角度＜0＞：45

命令：text

当前文字样式："Standard" 　文字高度：3.5000　注释性：否

指定文字的起点或［对正 (J)/ 样式 (S)］：j

输入选项［对齐 (A)/ 布满 (F)/ 居中 (C)/ 中间 (M)/ 右对齐 (R)/ 左上 (TL)/ 中上 (TC)/ 右上 (TR)/ 左中 (ML)/ 正中 (MC)/ 右中 (MR)/ 左下 (BL)/ 中下 (BC)/ 右下 (BR)］：m

指定文字的中间点：0,12.5

指定高度＜3.5000＞：

指定文字的旋转角度＜45＞：0

命令：text

当前文字样式："Standard" 　文字高度：3.5000　注释性：否

指定文字的起点或［对正 (J)/ 样式 (S)］：j

输入选项［对齐 (A)/ 布满 (F)/ 居中 (C)/ 中间 (M)/ 右对齐 (R)/ 左上 (TL)/ 中上 (TC)/ 右上 (TR)/ 左中 (ML)/ 正中 (MC)/ 右中 (MR)/ 左下 (BL)/ 中下 (BC)/ 右下 (BR)］：m

指定文字的中间点：8.75,8.75

指定高度＜3.5000＞：

指定文字的旋转角度＜0＞：–45

蓝色填充的 RGB 为：28，86，233。

宝马车标绘制及成图效果如图 2-8 所示。

图 2-8　宝马车标

二维码2-2　第2章
在线习题

3　精确绘图工具、查询命令和显示控制

吾尝终日不食，终夜不寝，以思，无益，不如学也。

——《论语》

　　环境工程专业中通常使用 AutoCAD 作为工程设计的辅助绘图工具，因此对 AutoCAD 绘制图形的精确性有较高要求。要求 AutoCAD 能够辅助设计人员快速精确地实现点的定位、精确尺寸图形的绘制等。为此，AutoCAD 提供了一系列精确绘图方法与工具，如坐标系统、栅格、正交、极轴、对象捕捉、自动追踪、动态输入等。

3.1　栅格和捕捉

　　（1）栅格　AutoCAD 中用一些小点充满用户定义的图形界限，以这些小点作为顶点可以形成一系列的矩形，其中任意四个小点组成的最小矩形为一个栅格，如图 3-1 所示。可以通过鼠标点击图形中的【栅格】命令按钮或者通过快捷键【F7】来打开或关闭栅格。使用栅格可以对齐对象并直观显示对象之间的距离，用户可以参照栅格进行草图绘制，栅格在图纸打印中不会输出。

　　栅格的开启与关闭以及设置还可以通过【草图设置】窗口实现。【草图设置】窗口的打开方式有如下几种：① 点击 AutoCAD【工具】菜单，选择【草图设置】，在弹出的【草图设置】窗口中选择【捕捉和栅格】选项卡；② 右键点击【栅格】，在弹出的快捷菜单中选择【网格设置】，弹出【草图设置】窗口。【草图设置】中的【捕捉和栅格】选项卡能够实现对栅格的 X、Y 轴间距，以及栅格行为的设置，如图 3-2 所示。

　　还可以使用键盘在命令行输入"GRID"命令，对栅格进行快速设置。

　　（2）捕捉　捕捉的作用是辅助 AutoCAD 使用者对准栅格中的间距点，从而实现准确定位与间距控制。捕捉功能的开启方式有如下几种：① 鼠标单击状态栏的【捕捉】按钮；② 使用快捷键【F9】；③ 命令行输入"SNAP"命令。

　　捕捉的开启、关闭与设置也可以通过【草图设置】窗口实现。【草图设置】窗口的打开方式同栅格，【捕捉设置】选项卡与【栅格】在同一页面，通过【草图设置】窗口能够设置捕捉的间距、捕捉类型等，如图 3-2 所示。常用的捕捉类型有栅格捕捉与极轴捕捉。

　　① 栅格捕捉包括矩形捕捉与等轴测捕捉。

　　矩形捕捉：栅格点按照矩形排列，栅格间距一般是捕捉间距的倍数，具体间距尺寸可根据使用者的习惯与绘制内容进行设置。

　　等轴测捕捉：栅格点与捕捉点按照等轴测方式分布，为使用者绘制等轴测图提供参照与精确定位。

　　② 极轴捕捉是指光标沿设定的极轴角度捕捉极轴方向上的栅格点的捕捉方式。极轴捕捉需要与极轴追踪功能共同使用，否则极轴捕捉功能不能开启。极轴捕捉的跳跃长度是草图设置中极轴距离的整数倍。

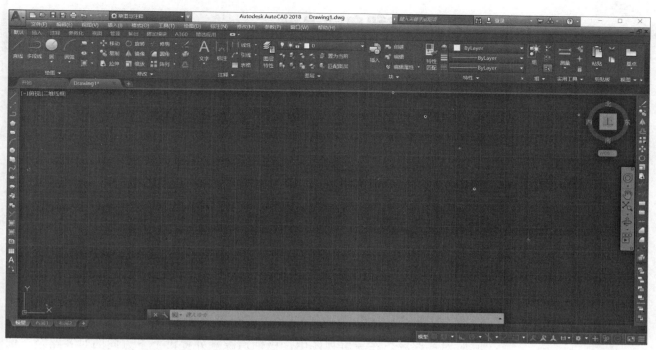

图 3-1　栅格

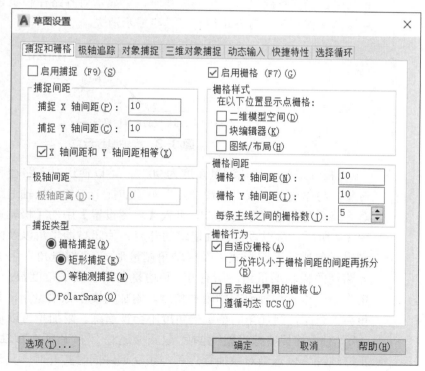

图 3-2　草图设置

3.2　正交和自动追踪

（1）正交　AutoCAD 提供正交模式，在该模式下光标被限制在水平或垂直方向上移动，适用于绘制水平、垂直线，或者在水平、垂直方向上移动图形对象的操作。开启正交模式的三种方法如下：

①点击状态栏【正交】命令按钮；

②使用快捷键【F8】；

③命令行输入"ORTHO"命令。

（2）自动追踪　自动追踪可以帮助使用者按照指定的角度或按照与其他对象的特定关系绘制对象。当"自动追踪"打开时，临时对齐路径有助于以精确的位置和角度创建对象。自动追踪包括两个追踪选项：极轴追踪和对象捕捉追踪。

①极轴追踪。使用"极轴捕捉"，光标将沿极轴角度按指定增量进行移动。创建或修改对象时，可以使用"极轴追踪"以显示由指定的极轴角度所定义的临时对齐路径。在三维视图中，极轴追踪额外提供上下方向的对齐路径。例如，在图 3-3 中绘制一条从点 1 到点 2 的两个单位的直线，然后绘制一条点 2 到点 3 的两个单位的直线，并与第一条直线成 45°角。如果打开了 45°极轴角增量，当光标跨过 0°或 45°角时，将显示对齐路径和工具栏提示。当光标从该角度移开时，对齐路径和工具栏提示消失。

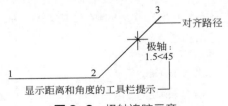

图 3-3　极轴追踪示意

"极轴追踪"默认增量角度为 90°，可以使用对齐路径和工具栏提示绘制对象，与"交点"或"外观交点"对象捕捉一起使用极轴追踪，可以找出极轴对齐路径与其他对象的交点。进入【草图设置】中的【极轴追踪】选项卡，如图 3-4 所示，可以设置极轴追踪的开启、关闭与增量角以及附加角，同时可以设置对象捕捉追踪形式以及极轴角测量形式。"增量角"用于设置极轴追踪对齐路径的极轴增量角，所有 0°和增量角的整数倍角度都会被追踪到。"附加角"用于设置极轴追踪的附加角度。附加角度不像增量角，只有被设置的附加角会被追踪，附加角的整数倍角度不会被追踪。附加角可以设置多个。

"对象捕捉追踪设置"包括"仅正交追踪"与"用所有极轴角设置追踪"。"仅正交追踪"表示当对象捕捉追踪与正交追踪同时打开时，只追踪对象捕捉点的水平和垂直对齐路径，追踪非水平与垂直线时无效；"用所有极轴角设置追踪"表示将极轴追踪的设置用于对象捕捉追踪，当采用对象捕捉追踪时，光标将从

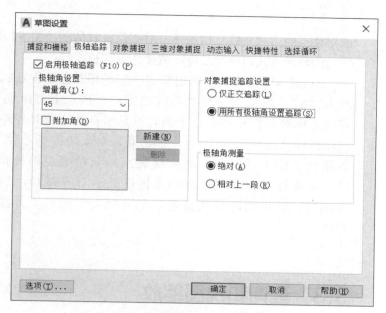

图 3-4 草图设置中的极轴追踪选项卡

对象捕捉点起沿极轴追踪设置角度进行追踪。极轴角测量方式可以是根据当前坐标系确定极轴追踪角度，也可以是以上一次绘制的直线段为基准，取光标与上一点形成的相对角度。

正交模式和极轴追踪不能同时打开，打开极轴追踪将关闭正交模式。同样，极轴捕捉与栅格捕捉不能同时打开，打开极轴捕捉将关闭栅格捕捉。

② 对象捕捉追踪。对象捕捉追踪必须配合对象捕捉使用，对象捕捉追踪的对象是对象捕捉中设置的捕捉类型。使用对象捕捉追踪，可以沿着基于对象捕捉点的对齐路径进行追踪。已获取的点将显示一个小加号（+），一次最多可以获取七个追踪点。获取点之后，当在绘图路径上移动光标时，将显示相对于获取点的水平、垂直或极轴对齐路径。例如，可以基于对象端点、中点或者对象的交点，沿着某个路径选择一点。

如图 3-5 所示，启用了"端点"对象捕捉，单击直线的起点 1 开始绘制直线，将光标移动到另一条直线的端点 2 处获取该点，然后沿水平对齐路径移动光标，定位要绘制的直线的端点 3。

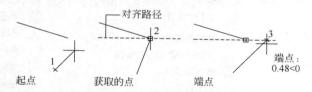

图 3-5 对象捕捉追踪辅助绘图

对象追踪的开启、关闭有如下方法：a. 点击状态栏上的【对象追踪】按钮；b. 使用快捷键【F11】；c. 从【草图设置】的【对象捕捉】选项卡进行设置。

默认情况下，对象捕捉追踪将设置为正交。对齐路径将显示在始于已获取的对象点的 0°、90°、180° 和 270° 方向上。但是，其可以使用极轴追踪角代替。对象捕捉追踪会自动获取对象点，也可以选择仅在按【Shift】键时才获取点。可以修改"自动追踪"显示对齐路径的方式，以及为对象捕捉追踪获

取对象点的方式。默认情况下，对齐路径拉伸到绘图窗口的结束处。可以改变它们的显示方式以缩短长度，或使之没有长度。

    AutoCAD 允许与临时追踪点一起使用对象捕捉追踪。在提示输入点时，输入"tt"，然后指定一个临时追踪点，该点上将出现一个小的加号（+）。移动光标时，将相对于这个临时点显示自动追踪对齐路径。要将这点删除，需将光标移回到加号（+）上面。获取对象捕捉点之后，使用直接距离沿对齐路径（始于已获取的对象捕捉点）在精确距离处指定点。提示指定点时，应选择对象捕捉，移动光标以显示对齐路径，然后在命令提示下输入距离。使用临时替代键进行对象捕捉追踪时，无法使用直接距离输入方法。

3.3   查询和视图缩放

    （1）查询   AutoCAD 2018 在菜单栏中的工具选项中提供了一个查询工具栏，如图 3-6 所示。查询工具栏提供距离、面积、面域 / 质量特性查询，支持列表查询与对象点坐标查询，能够实现对时间、状态与环境变量的查询。

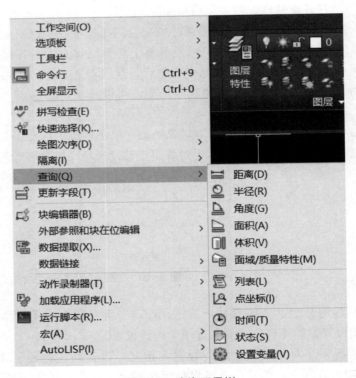

图 3-6   查询工具栏

①　距离查询：能够查询出两点之间的距离，在 XY 平面中的倾角，与 XY 平面的夹角，X、Y、Z 坐标增量等信息，如图3-7所示。距离查询命令的调用有如下方法：a. 点击菜单栏【工具】-【查询】-【距离】；b. 命令行输入命令"DIST"；c. 使用快捷键调用。

```
命令: dist
指定第一点:　指定第二点:
距离 = 935.3758, XY 平面中的倾角 = 351,　与 XY 平面的夹角 = 0
X 增量 = 923.2936,　Y 增量 = -149.8560,　Z 增量 = 0.0000
```

图3-7　距离查询

②　面积查询：能够查询由指定点定义的面积与周长，或者查询对象的面积与周长，支持各对象的面积与周长的加减运算。面积查询命令的调用有如下方法：a. 点击菜单栏【工具】-【查询】-【面积】；b. 命令行输入命令"AREA"；c. 使用快捷键调用。

当所查询面积由指定点定义时，需依次点击定义点以定义多边形，或者按【Enter】完成周长定义。如果不闭合这个多边形，将假设从最后一点到第一点绘制了一条直线，然后计算所围区域的面积，计算周长时，该直线的长度也会计算在内，如图3-8所示。

定义面积和周长

定义的面积

图3-8　AREA命令查询

如需计算选定对象的面积和周长，则可以使用"AREA"命令来计算圆、椭圆、样条曲线、多段线、多边形、面域和实体的面积（使用"SOLID"命令创建二维实体不报告面积）。如果所选择对象为开放的多段线，将假设从最后一点到第一点绘制了一条直线，然后计算所围区域的面积。计算周长时，将忽略该直线的长度。计算面积和周长（或长度）时将使用宽多段线的中心线。

"AREA"查询命令能够实现多个对象之间面积、周长的加减运算，"加"选项计算各个定义区域和对象的面积、周长，也计算所有定义区域和对象的总面积。"减"选项从总面积中减去指定面积。

③　面域/质量特性查询：可以查询面域的面积、周长、边界框、质心、惯性矩、惯性积、旋转半径、主力矩与质心的 X-Y 方向等参数，可以查询实体的质量、体积、边界框、质心、惯性矩、惯性积、旋转半径、主力矩与质心 X-Y-Z 的方向等参数。面域/质量特性查询命令的调用有如下方法：a. 点击菜单栏【工具】-【查询】-【面域/质量特性查询】；b. 命令行输入命令"MASSPROP"；c. 使用快捷键调用。

④　列表查询：以文本窗口的形式显示对象的类型、图层、坐标、颜色、线型、线宽、厚度等属性，列表查询还将显示特定对象相关的附加信息。列表查询命令的调用有如下方法：a. 点击菜单栏【工具】-【查询】-【列表】；b. 命令行输入命令"LIST"；c. 使用快捷键调用。

⑤　点坐标查询：能够显示指定点的 X、Y、Z 坐标。点坐标查询命令的调用有如下方法：a. 点击菜单栏【工具】-【查询】-【点坐标】；b. 命令行输入命令"ID"；c. 使用快捷键调用。

⑥　时间查询：能够显示系统当前时间、CAD文件创建时间、上次更新时间、累计编辑时间、消耗时间计时器状态、下次保存时间等时间相关属性信息。时间查询命令的调用有如下方法：a. 点击菜单栏【工具】-【查询】-【时间】；b. 命令行输入命令"TIME"；c. 使用快捷键调用。

⑦　状态查询：显示当前CAD文件中的对象信息、模型空间图形界限、模型空间使用、显示范围、插入基点、捕捉分辨率、栅格间距、当前空间、当前布局、当前图层、当前颜色、当前线型、当前材质、当前线宽、当前标高，以及填充、栅格、正交、快速文字、捕捉、数字化仪、对象捕捉模式的状态，如

图 3-9 所示。状态查询命令的调用有如下方法：a. 点击菜单栏【工具】-【查询】-【状态】；b. 命令行输入命令"STATUS"；c. 使用快捷键调用。

```
放弃文件大小：        2650 个字节
模型空间图形界限      X：    0.0000  Y：    0.0000  （关）
                     X：  420.0000  Y：  297.0000
模型空间使用          *无*
显示范围             X：  286.7974  Y：  217.7943
                    X： 6584.7547  Y： 2666.6167
插入基点            X：    0.0000  Y：    0.0000  Z：    0.0000
捕捉分辨率          X：   10.0000  Y：   10.0000
栅格间距            X：   10.0000  Y：   10.0000
当前空间：           模型空间
当前布局：           Model
当前图层：           0
当前颜色：           BYLAYER -- 7 (白)
当前线型：           BYLAYER -- "Continuous"
当前材质：           BYLAYER -- "Global"
当前线宽：           BYLAYER
当前标高：  0.0000  厚度：    0.0000
填充 开  栅格 开  正交 关  快速文字 关  捕捉 开  数字化仪 关
对象捕捉模式：    圆心，端点，交点，延伸
STATUS 按 ENTER 键继续：
```

图 3-9　状态查询显示

⑧ 设置变量查询：可以用来查看 AutoCAD 常用变量设置的状态。设置变量查询命令的调用有如下方法：a. 点击菜单栏【工具】-【查询】-【设置变量】；b. 命令行输入命令"SETVAR"，输入"?"后可以继续输入变量查询 SETVAR 输入变量名或 [?]：?，输入"?"后再输入"*"可查询当前图中所有变量的值 SETVAR 输入要列出的变量 <*>：*，具体如图 3-10 所示；c. 使用快捷键调用。

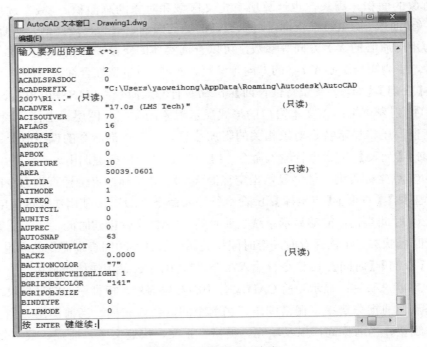

图 3-10　设置变量查询

（2）视图缩放　由于绘图空间与显示尺寸的限制，AutoCAD 需要按照一定的比例、视角显示图形，称为视图。在实际绘图中 AutoCAD 使用者经常需要对视图进行缩放操作，以获得整体视角或者局部详细视角。

视图缩放命令改变的是观察对象的视觉尺寸，而不改变对象的实际尺寸，这需要与"缩放"命令区别开来。常用的视图缩放命令使用方式如下。

① 命令行输入命令"ZOOM"，调用视图缩放命令。输入"ZOOM"命令后，命令行提供下一级操作选项，如图 3-11 所示。视图缩放提供比例因子、全部、中心、动态、范围、上一个、比例、窗口、对象等缩放方式。（当视图锁定，无法使用鼠标滚轮缩放图形时，可以输入【ZOOM】-【回车】-【A】-【回车】以查看全部图形。）

```
× ⚲  ⚲ ▾ ZOOM [全部(A) 中心(C) 动态(D) 范围(E) 上一个(P) 比例(S) 窗口(W) 对象(O)] <实时>:
```

图 3-11　视图缩放选项

a. 比例因子（nx 或 $n$xp）缩放方式：可以以指定的比例因子缩放显示。输入的值后面跟着 x，根据当前视图指定比例。例如，输入"0.5x"使屏幕上的每个对象显示为原大小的二分之一。输入值并后跟 xp，指定相对于图纸空间单位的比例。例如，输入"0.5xp"则以图纸空间单位的二分之一显示模型空间。输入数值，指定相对于图形界限的比例。例如，如果缩放到图形界限，则输入"2"将以对象原来尺寸的两倍显示对象。

b. 全部缩放：实现在当前视口中缩放显示整个图形。在平面视图中，所有图形将被缩放到栅格界限和当前范围两者中较大的区域中。在三维视图中，"全部缩放"选项与"范围缩放"选项等效，即使图形超出了栅格界限也能显示所有对象。

c. 中心缩放：缩放显示由中心点和放大比例（或高度）所定义的窗口。高度值较小时增加放大比例，高度值较大时减小放大比例。

d. 动态缩放：缩放显示在视图框中的部分图形。视图框表示视口，可以改变它的大小，或在图形中移动。移动视图框或调整它的大小，将其中的图像平移或缩放，以充满整个视口。操作时首先显示平移视图框，将其拖动到所需位置并单击，继而显示缩放视图框，调整其大小，然后按【Enter】键进行缩放，或单击以返回平移视图框。

e. 范围缩放：缩放以显示图形范围并使所有对象最大显示。

f. 上一个：缩放显示上一个视图，最多可恢复此前的 10 个视图框。

g. 窗口缩放：缩放显示由两个角点定义的矩形窗口框定的区域框。

h. 对象缩放：缩放以便尽可能大地显示一个或多个选定的对象并使其位于绘图区域的中心。可以在启动"ZOOM"命令前后选择对象。

i. 实时缩放："ZOOM"命令的默认方式。按【Enter】键确认后，屏幕上出现一个放大镜图标，按下鼠标左键并向上推动，可以以放大镜为中心放大图形，向下推动可以以放大镜为中心缩小图形，再次按下【Enter】键或者【Esc】键退出缩放命令。

② 工具栏方式。AutoCAD 2018 在【标准】和【缩放】工具栏中提供了缩放命令按钮，如图 3-12 所示，可以通过点击命令按钮调用相应缩放模式。

③ 鼠标滚轮方式。AutoCAD 2018 支持鼠标中键的缩放操作，滚动鼠

图 3-12　缩放工具栏

标滚轮，可以实现以鼠标光标为中心的实时缩放操作，按下鼠标中键则能够执行视图平移操作。

3.4　坐标

3.4.1　坐标系简介

AutoCAD 提供了世界坐标系（WCS）、用户坐标系（UCS），使用者可以通过坐标实现精确绘图操作。

3.4.1.1　世界坐标系（WCS）

用户进行图形绘制时，AutoCAD 默认将图形置于世界坐标系中，它包括固定不变的 X、Y、Z 轴及坐标原点，同时以三维坐标系的形式定义世界坐标：X 轴沿水平方向由左向右，Y 轴沿垂直方向由下向上，Z 轴在垂直于屏幕的方向，向屏幕外方向为正，X、Y、Z 坐标轴的交点作为坐标系原点（0,0,0）。

世界坐标系（WCS）是固定坐标系，用户不可改变其原点和 X、Y、Z 轴方向，但可以通过【UCSICON】控制世界坐标系（WCS）图标的显示状态、样式和大小等，如图 3-13 所示，也可以通过菜单栏依次点击【视图】-【显示】-【UCS 图标】-【开 / 原点 / 特性】调出设置窗口，如图 3-14 所示。

```
✕  🔧   ▾ UCSICON 输入选项 [开(ON) 关(OFF) 全部(A) 非原点(N) 原点(OR) 可选(S) 特性(P)] <开>:
```

图 3-13　UCSICON 选项

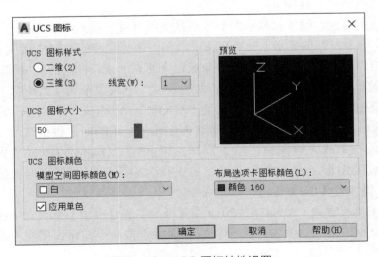

图 3-14　UCS 图标特性设置

3.4.1.2　用户坐标系（UCS）

为了在绘图过程中更便利地进行坐标换算，AutoCAD 允许用户创建坐标系（UCS）。UCS 的坐标原点可以改变，X、Y、Z 轴方向可以移动和旋转。设置 UCS 的两种方式如下：① 依次点击菜单栏【工具】-【新建 UCS/ 命名 UCS】；② 命令行输入 "UCS" 命令调出设置选项。

3.4.2　坐标值的输入与显示

3.4.2.1　坐标的输入方式

环境工程专业设计图纸涉及的图形，均是由不同位置的点以及点与点之间的线组成，因此，准确的点坐标定位是精确绘图的保证。AutoCAD 绘图中输入点坐标的方式有如下几种：① 鼠标点击确定点的位置；② 对象捕捉、栅格、追踪等方式辅助鼠标确定点的位置；③ 键盘输入点坐标确定点的位置。

3.4.2.2　绝对坐标与相对坐标

绝对坐标是以当前坐标系的原点（0,0,0）作为基准点来定位图形的点，使用过程中需要根据需要进行点坐标的换算。对于复杂的图形，进行定位点的坐标计算工作量很大，实用性不强。工程中常使用相对坐标，相对坐标是下一点相对于前一点的坐标变化值，坐标的换算要更直观便捷，绘图中使用较多。

使用键盘输入坐标时，如果使用绝对坐标，只需按照 "X,Y,Z" 的格式输入坐标即可，坐标值可以是小数、分数或科学记数形式，逗号使用西文逗号，如 "12.5,23.8,93.8"。绘制二维图形，不需输入 Z 坐标值。

使用相对坐标输入，在坐标值前加一个 "@" 符号，例如 "@200,125" 表示下一点坐标相对于上一点 X 轴偏移 200，Y 轴偏移 125。下一点相对于上一点沿坐标轴负方向偏移，则相对坐标值为负数。

相对坐标输入支持极坐标方式，例如 "@100<45"，"@" 表示相对坐标形式，"100" 表示相对于上一点的距离，"<" 为角度符号，表示相对坐标的输入形式采用极坐标形式，"45" 表示角度为 45°，角度是指上一点与下一点的连线方向与 X 轴方向沿逆时针方向形成的夹角。

3.4.2.3　键盘鼠标配合坐标输入

AutoCAD 支持一种更加便捷的输入方式，即由鼠标与键盘配合进行坐标的输入。通过移动光标指示方向，用键盘输入上一点与下一点的距离，来确定下一点的坐标。该种方法类似于相对坐标中的极坐标输入方式，角度由鼠标光标指定，距离由键盘输入，配合正交、极轴、对象捕捉以及追踪模式，将大大提高绘图效率。

如图 3-15 所示，以绘制一个左下角顶点坐标为（100,100），边长 100mm 的正方形为例，展示上述几种坐标输入方式。

```
命令：line
指定第一点：100,100
指定下一点或 [放弃(U)]：200,100
指定下一点或 [放弃(U)]：200,200
指定下一点或 [闭合(C)/放弃(U)]：100,200
指定下一点或 [闭合(C)/放弃(U)]：100,100
```

绝对坐标输入

```
命令：line
指定第一点：100,100
指定下一点或 [放弃(U)]：@100,0
指定下一点或 [放弃(U)]：@0,100
指定下一点或 [闭合(C)/放弃(U)]：@-100,0
指定下一点或 [闭合(C)/放弃(U)]：@0,-100
```

相对直角坐标输入

```
命令：line
指定第一点：100,100
指定下一点或 [放弃(U)]：@100<0
指定下一点或 [放弃(U)]：@100<90
指定下一点或 [闭合(C)/放弃(U)]：@100<180
指定下一点或 [闭合(C)/放弃(U)]：@100<270
```

相对极坐标输入

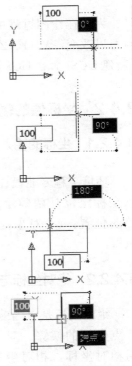

键盘鼠标配合输入

图 3-15　坐标输入方式

3.4.2.4　坐标的显示

坐标显示器位于 AutoCAD 窗口状态栏左侧，能够动态显示当前光标所在位置的坐标。坐标显示有三种模式：静态显示、动态显示、距离与角度显示。静态显示能够显示上一个拾取点的绝对坐标，坐标显示呈灰色；动态显示能够显示当前光标的绝对坐标；距离与角度显示能够显示当前点相对于上一点的极坐标变化。三种显示模式的切换可以通过双击或者右键点击坐标显示器进行切换或者设置。

3.5　动态输入

动态输入在光标附近提供了一个命令界面，以帮助用户专注于绘图区域。启动动态输入时，工具栏提示将在光标附近显示信息，该信息会随着光标的移动而动态更新。当某条命令为活动时，工具栏提示为用户提供输入的位置。在输入字段中按【Tab】键后，该字段将显示一个锁定图标，并且光标会受用户输入值的约束。随后可以在第二输入字段中输入值。另外，如果用户输入值后按【Enter】键，则第二个输入字段将被忽略，且该值将被视为直接距离。

　　动态输入不会取代命令窗口。用户可以隐藏命令窗口以增加绘图区域，但有些操作还是需要使用命令窗口完成的。按【F2】可以完成命令窗口的隐藏与显示。

　　动态输入的开启与关闭有如下方法：① 点击状态栏上的【DYN】命令按钮；② 使用快捷键【F12】；③ 使用草图设置中的【动态输入】选项卡，如图 3-16 所示。

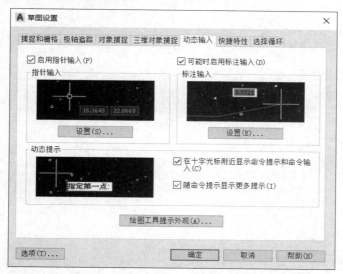

图 3-16　动态输入选项卡

二维码3-2　第3章
在线习题

4 绘图环境设置

　　君子曰：学不可以已。青，取之于蓝，而青于蓝；冰，水为之，而寒于水。木直中绳，輮以为轮，其曲中规。虽有槁暴，不复挺者，輮使之然也。故木受绳则直，金就砺则利，君子博学而日参省乎己，则知明而行无过矣。

——《劝学》

绘图环境设置就是对设计绘图的一些必要条件进行定义，如图形界限、图形单位、对象特性、填充等。

二维码4-1　绘图环境设置

4.1　图形界限

图形界限是 AutoCAD 设定的一个虚拟屏幕，是一个 XY 二维平面上的矩形绘图区域。图形界限通过制定矩形区域的左下角与右上角顶点而定义。图形界限也是 AutoCAD 的栅格与缩放的显示区域。

图形界限的设置有如下两种方式：① 使用菜单，依次点击菜单栏【格式】-【图形界限】；② 命令行输入"LIMIT"命令。

4.2　图形单位

图形单位包括绘图中涉及的长度、角度的显示格式、精度以及拖放比例和测量方向等。启动单位设置的方式如下：① 使用菜单，依次点击菜单栏【格式】-【单位】；② 命令行输入命令"UNITS"。

图形单位设置窗口如图4-1所示，长度设置区域可以设置数据类型、精度，角度设置区域可以设置数据类型、精度、角度测量的起始方向，插入比例设置区域可以设置插入内容的单位。

图 4-1　图形单位设置窗口

4.3　对象特性

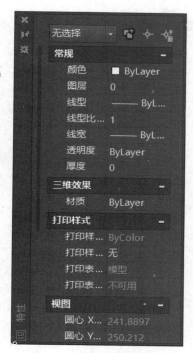

AutoCAD 对象具有的图层、颜色、线型、打印样式、厚度、坐标等属性均可归类于对象特性的范畴。有些特性是通用特性，适用于多数对象，如"图层"；有些特性专用于特定对象，如"圆的圆心坐标与半径"。使用【特性】窗口可以查看、修改对象的特性。对象【特性】窗口的打开方式如下：① 使用菜单栏，依次点击【修改】-【特性】；②展开功能区特性栏；③于命令行输入"PROPERTIES"；④ 使用快捷键【Ctrl+1】；⑤ 双击编辑的对象。对象特性设置窗口如图 4-2 所示。

没有选择对象时，【特性】窗口可以分为常规特性、三维效果特性、打印样式特性、视图特性、其他等。

随选择对象的不同，【特性】窗口显示的内容和项目也不同。选择多个对象时，【特性】窗口将显示选定对象的共同特性。可以通过对【特性】窗口中相关特性的修改实现对图形的编辑。

图 4-2　对象特性设置窗口

4.4　填充

填充是用某个图案来填充图形中的某个区域，以表达该区域的特征，如示意剖面区域区分不同材质等。

（1）设置图案填充　图案填充的打开方式有如下几种：① 使用菜单栏，依次点击【绘图】-【图案填充】；② 点击工具栏【图案填充】 命令按钮；③ 命令行输入"BHATCH"。图案填充和渐变色设置窗口如图 4-3 所示。

由图 4-3 可见，设置窗口分为图案填充与渐变色设置、边界设置、孤岛设置三大区域。图案填充与渐变色设置区域包括类型和图案、角度和比例、图案填充原点设置等选项。

（2）类型和图案　在【类型和图案】设置区域，可以设置图案填充的类型、图案。a. 填充类型中有【预定义】【用户定义】【自定义】3 个选项。选择【预定义】选项，可以使用 AutoCAD 提供的图案；选择【用户定义】选项，需要临时定义图案，该图案由一组平行线或者相互垂直的两组平行线组成；选择【自定义】选项，可以使用用户自定义的图案。b. 填充图案选项列表用于设置预定义填充图案，包含 ANSI、ISO、其他预定义、自定义四种类别的图案类型，如图 4-4 所示。c. 样例预览窗口用于显示当前选中的图案样例，单击样例预览窗口也可以打开填充图案选项板。d. 自定义图案列表框，只有当填充图案类型选择自定义时，此选项窗口才可用，单击可打开图 4-4 中的【自定义】选项卡。

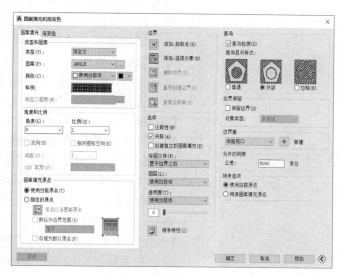

图 4-3　图案填充和渐变色设置窗口

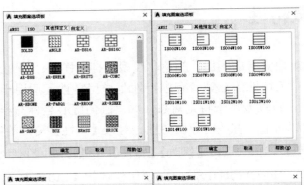

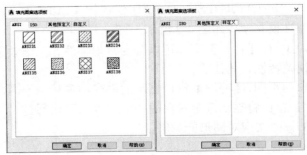

图 4-4　填充图案选项板

（3）角度和比例　在角度和比例设置区域中，可以设置用户定义类型的图案填充的角度、比例等参数。a. 角度参数用于设置填充图案的旋转角度；b. 比例参数用于设置填充图案填充时的比例值；c. 双向复选框用于选择填充时是否使用双向填充，选中时使用相互垂直的两组平行线填充；d. 相对图纸空间复选框用于决定该比例因子是否为相对于图纸空间的比例；e. 间距文本框用于设置填充图案平行线之间的间距，该选项只能在用户自定义填充类型下可用；f. ISO 笔宽用于设置笔的宽度，该选项在填充图案采用 ISO 图案时可用。

（4）图案填充原点　图案填充原点用于设置填充图案的原点位置。a. 使用当前原点选项，即可以使用当前 UCS 坐标的原点作为填充原点；b. 指定原点选项，即可以使用指定点作为填充图案的原点。

（5）边界　边界设置区域用于设定选择填充区域边界的方式。【拾取点】方式以拾取点的形式来指定填充区域边界，用户可以在需要填充的区域内任意指定一点，系统会自动判断填充边界，如果选择的拾取点周围不能形成封闭区域则会提示错误；【选择对象】方式允许用户逐个选择组成填充边界的对象；【删除边界】可以取消系统自动计算或用户指定的孤岛，如图 4-5（b）为删除中间圆形边界后的填充效果；【重新创建边界】选项用于重新建立图案填充边界；【查看选择集】选项用于查看已定义的填充边界。

（6）选项设置区域　选项设置区域包含【关联】【创建独立的图案填充】【绘图次序】【继承特性】等选项。【关联】选项用于设置创建边界时随之更新的图案和填充；【创建独立的图案填充】选项用于设置是否建立独立的图案填充；【绘图次序】选项用于设置图案填充的绘图顺序；【继承特性】选项可以将现有图案填充特性应用到其他图案填充对象中。

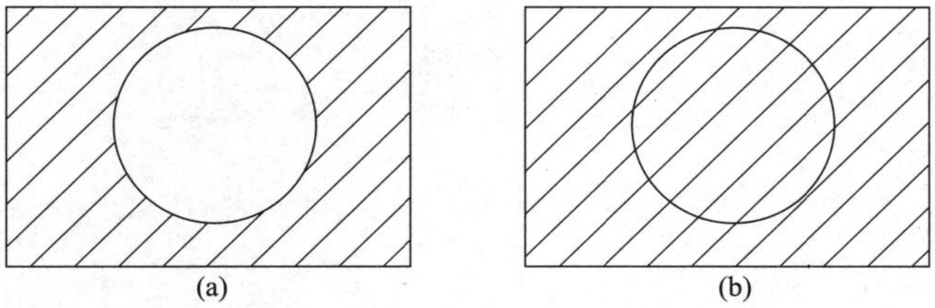

图 4-5 删除圆形边界填充效果对比

4.5 绘制二维图形实例——电视背景墙

① 绘制电视墙的外轮廓，高 3m，宽 5m。然后应用直线命令（line）、偏移命令（offset）、修剪命令（trim）、圆弧命令（arc），以对象捕捉为辅助绘制电视墙装饰上沿。

② 绘制门的外框，使用偏移命令（offset）绘制出门套，使用矩形命令（rectang）绘制出门镶嵌玻璃形状，使用画圆命令（circle）绘制出门锁把手。

③ 使用画圆命令（circle）绘制钟表，使用阵列命令（array）绘制出刻度线，使用多段线命令（pline）绘制出钟表指针。

④ 综合使用直线命令（line）、画圆命令（circle）、偏移命令（offset）、修剪命令（trim）、文字命令（text），结合对象捕捉、坐标输入，绘制电视柜、电视、音响、资料架等。

⑤ 使用填充命令（hatch）为背景墙填充颜色，如图 4-6 所示。

电视墙效果如图 4-7 所示。

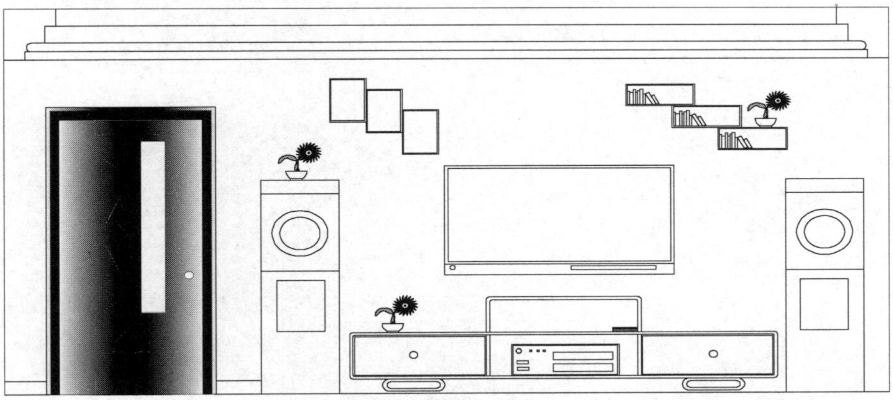

图 4-6 电视墙例图

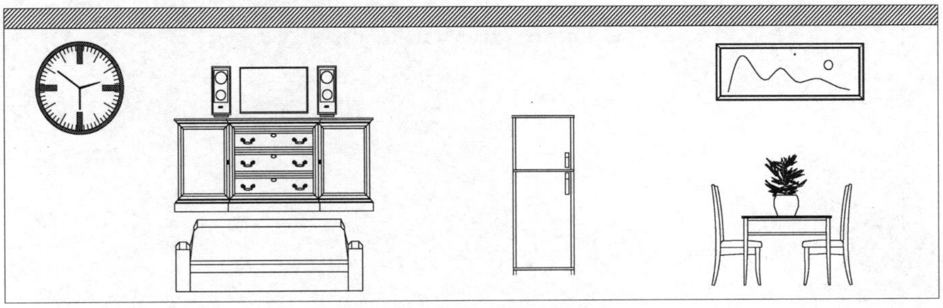

图 4-7 电视墙效果图

二维码4-2 第4章
在线习题

5 绘图命令

　　东方欲晓，莫道君行早。踏遍青山人未老，风景
这边独好。

——《清平乐·会昌》

5.1 绘制点对象、定数等分、定距等分

在 AutoCAD 2018 中，点对象有单点、多点、定数等分和定距等分 4 种。

（1）命令启动 命令是"POINT"，或输入"PO"按【回车】键或【空格】键；单击功能区绘图栏"点"图案  。

菜单位置：【绘图】-【点】-【单点】或【多点】。

（2）命令执行 命令启动后，CAD 的提示及操作如下。

① 选择【绘图】-【点】-【单点 S】：一次只能画一个点。

② 选择【绘图】-【点】-【多点 P】：一次可画多个点，左击加点，按【Esc】停止。

③ 选择【绘图】-【点】-【定数等分 D】：选择对象后，设置数目。

④ 选择【绘图】-【点】-【定距等分 M】：选择对象后，指定线段长度。

（3）点的设置 点的设置样式方法：【格式】菜单 -【点样式】命令，出现如图 5-1 所示窗口。

图 5-1 点的设置

在此对话框中可以选择点的样式，设定点大小。

相对于屏幕设置大小：当滚动滚轴时，点大小随屏幕分辨率大小而改变。

按绝对单位设置大小：点大小不会改变。

注意：在同一图层中，点的样式必须是统一的，不能出现不同的点。

5.2 直线、多段线、样条曲线、修订云线及构造线

5.2.1 直线

5.2.1.1 命令启动

命令是 "LINE"，或输入 "L" 按【回车】键或【空格】键。

单击绘图功能区【直线】图案 。

菜单位置：【绘图】-【直线】。

5.2.1.2 命令执行

命令启动后，CAD 的提示及操作如下。

① 指定第一点：输入第一点坐标后按【空格】键或【回车】键结束，或在窗口拾取一点。

② 指定下一点或 [放弃（U）]：输入第二点坐标后按【空格】键或【回车】键结束，或在窗口拾取一点，或指定直线方向后输入线段长度，按【空格】键或【回车】键结束。

③ 指定下一点或 [放弃（U）]：如果只想绘制一条直线，就直接按【空格】键或【回车】键结束操作。如果想绘制多条直线，可在该提示符下继续进行上一步操作。如果想撤销前一步操作，输入 "U"，按【空格】键或【回车】键，取消上一步操作。

④ 指定下一点或 [闭合（C）/ 放弃（U）]：如果要绘制一个闭合的图形，就需要在该提示符下直接输入 "C"，将最后确定的一点与最初的起点连成一个闭合的图形。如果想撤销前一步操作，则输入 "U" 取消上一步操作。

5.2.2 多段线

多段线是由直线段、弧线段、直线与圆弧组合构成的连续线段，它是一个单个对象 (使用多段线创建的线段及圆弧，都可以设定线宽)。

5.2.2.1 命令启动

命令是 "PLINE"，或输入 "P" 按【回车】键或【空格】键。

单击绘图工具栏【多段线】图案 。

菜单位置：【绘图】-【多段线】。

5.2.2.2 命令执行

命令启动后，CAD 的提示及操作如下。

① 指定起点：指定点。

② 当前线宽为：＜当前值＞。

③ 指定下一个点或 [圆弧 (A)/ 关闭 (C)/ 半宽 (H)/ 长度 (L)/ 放弃 (U)/ 宽度 (W)]：指定点或输入选项。

注意：必须至少指定两个点才能使用【闭合】选项。从命令行内输入命令的快捷键【PL】确定。

5.2.3　样条曲线

样条曲线是经过或接近一系列给定点的光滑曲线，可以控制曲线与点的拟合程度。

5.2.3.1　命令启动

命令是"SPLINE"，或输入"SPL"后按【回车】键或【空格】键。

单击绘图功能区【样条曲线】图案 。

菜单位置：【绘图】-【样条曲线】。

5.2.3.2　命令执行

命令启动后，CAD 的提示及操作如下。

① 指定第一个点或［对象（O）］：拾取一点。

② 指定下一点：拾取第二点。

③ 指定下一点或［闭合（C）/拟合公差（F）］＜起点切向＞：拾取第三点或输入一个选项。

若要结束样条曲线的绘制，可直接确定（按【空格】键，或单击右键选【确定】），结束拾取点，激活＜起点切向＞，此时光标跳至起点，可以输入一个角度，或者在窗口中拾取一点（此时起点至光标拾取点的连线的角度方向即为起点的切线方向）。接下来激活＜端点切向＞，此时光标跳至终点，可以输入一个角度，或拾取一点，定义终点的切线方向。

5.2.4　修订云线

修订云线是由连续圆弧组成的多段线，主要用于标记图形的某个部分。

5.2.4.1　命令启动

命令是"REVCLOUD"，或输入"V"按【回车】键或【空格】键。

单击功能区绘图栏"修订云线"图案 。

菜单位置：【绘图】-【修订云线】。

5.2.4.2　命令执行

命令启动后，CAD 的提示及操作如下。

指定起点或［弧长 (A)/ 对象 (O)/ 样式 (S)］＜对象＞。

拖动绘制修订云线、输入选项或按【回车】键。

沿云线路径引导十字光标。

生成的对象是多段线。

（1）弧长　指定云线中弧线的长度。

指定最小弧长 <0.5000>：指定最小弧长的值。

指定最大弧长 <0.5000>：指定最大弧长的值。

沿云线路径引导十字光标。

修订云线完成。

最大弧长不能大于最小弧长的三倍。

（2）对象　指定要转换为云线的对象。

选择对象：选择要转换为修订云线的闭合对象。

反转方向 [是 (Y)/ 否 (N)]：输入"y"以反转修订云线中的弧线方向，或按【回车】键保留弧线的原样。

修订云线完成。

（3）样式　指定修订云线的样式。

选择圆弧样式 [普通 (N)/ 手绘 (C)] <默认 / 上一个>：选择修订云线的样式。

5.2.5　构造线

构造线是向两端无限延伸的直线，主要用于绘制辅助线。

5.2.5.1　命令启动

命令是"XLINE"，或输入"XL"后按【回车】键或【空格】键。

单击功能区绘图栏【构造线】图案 。

菜单位置：【绘图】-【构造线】。

5.2.5.2　命令执行

命令启动后，CAD 的提示及操作如下。

① 指定点：指定构造线要经过的点。

② 水平（H）：创建一条通过选定点的水平参照线。

③ 垂直（V）：创建一条通过选定点的垂直参照线。

④ 角度（A）：以指定的角度创建一条参照线。

⑤ 二等分（B）：创建一条经过选定的角顶点，并将选定的两条线之间的夹角平分的参照线。

⑥ 偏移（O）：创建一条与另一对象平行且包含特定距离的参照线。

5.3　圆、圆弧、椭圆、圆环、矩形和正多边形

5.3.1　圆

5.3.1.1　命令启动

命令是"CIRCLE"，或输入"C"按【回车】键或【空格】键。

单击功能区绘图栏【圆】图案 。

菜单位置:【绘图】-【圆】。

5.3.1.2 命令执行

(1) 给定圆心和半径画圆 (CEN,RAD)   单击绘图工具栏【圆】。

指定的圆心或［三点（3P）/二点（2P）/相切、相切、半径 (T)］:在屏幕上点取一点 (A)。

指定圆的半径或［直径（D）］:输入"R"按【回车】。

指定圆的半径:输入"5"按【回车】。

(2) 给定圆心和直径画圆 (CEN,DIA)   单击绘图工具栏【圆】。

CIRCLE 指定的圆心或［三点（3P）/二点（2P）/相切、相切、半径 (T)］:在屏幕上点取一点 (A)。

指定圆的半径或［直径（D）］:输入"D"按【回车】。

指定圆的直径:输入"10"按【回车】。

(3) 给定直径的两端点画圆 (2P)   单击绘图工具栏【圆】。

指定的圆心或［三点（3P）/二点（2P）/相切、相切、半径 (T)］:输入"2P"按【回车】。

指定圆直径的第一端点:在屏幕上点取一点。

指定圆直径的第二端点:在屏幕上再点取一点。

(4) 给定圆周上的三点画圆 (3P)   单击绘图工具栏【圆】。

指定的圆心或［三点（3P）/二点（2P）/相切、相切、半径 (T)］:输入"3P"按【回车】。

指定圆上的第一点:在屏幕上点取一点。

指定圆上的第二点:在屏幕上点取一点。

指定圆上的第三点:在屏幕上点取一点。

(5) 按给定半径作两已有实体的公切圆 (TTR)   指定的圆心或［三点（3P）/二点（2P）/相切、相切、半径 (T)］:输入"T"按【回车】。

指定对象与圆的第一个切点:选定直线 (A)。

指定对象与圆的第一个切点:选定圆 (B)。

指定圆的半径:输入"5"按【回车】。

圆的绘制如图 5-2 所示。

5.3.2 圆弧

5.3.2.1 命令启动

命令是"ARC",按【回车】键或【空格】键。

单击功能区绘图栏【圆弧】图案 。

菜单位置:【绘图】-【圆弧】。

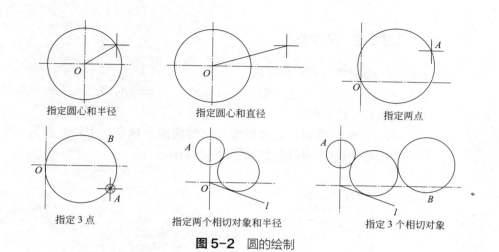

指定圆心和半径　　　　　指定圆心和直径　　　　　　指定两点

指定 3 点　　　　指定两个相切对象和半径　　　指定 3 个相切对象

图 5-2　圆的绘制

5.3.2.2　命令执行

该命令按用户指定的方法绘制圆弧，用户可根据自己的需要和已知条件的不同来选择不同的方法：

三点（起点、中点、终点）画弧；

起点、弧心（C）、角度（A）；

起点、弧心（C）、弦长（L）；

弧心（C）、起点、角度（A）；

弧心（C）、起点、弦长（L）。

（1）起点、弧心（C）、角度（A）　指定圆弧的起点或［圆心 (C)］：在屏幕上点取一点。

指定圆弧的第二个点或［圆心 (C)/ 端点 (E)］：输入"C"按【回车】。

指定圆弧的圆心：点取圆心。

指定圆弧的端点或［角度 (A)/ 弦长 (L)］：输入"A"按【回车】。

指定包含角：输入角度按【回车】。

（2）弧心（C）、起点、角度（A）　指定圆弧的起点或［圆心 (C)］：输入"C"按【回车】。

指定圆弧的圆心：在屏幕上点取一点。

指定圆弧的起点：在屏幕上点取一点。

指定圆弧的端点或［角度 (A)/ 弦长 (L)］：输入"A"按【回车】。

指定包含角：输入角度按【回车】。

以上仅列出了 2 种绘制圆弧的方法，其余画弧方式与之类似。

5.3.3　椭圆

5.3.3.1　命令启动

命令是"ELLIPSE"或"EL"，按【回车】键或【空格】键。

单击功能区绘图栏【椭圆】图案 🔘 。

菜单位置：【绘图】-【椭圆】。

5.3.3.2 命令执行

绘制椭圆有两种方法。

① 中心点：通过指定椭圆中心，一个轴的端点（主轴）以及另一个轴的半轴长度绘制椭圆。

② 轴、端点：通过指定一个轴的两个端点（主轴）和另一个轴的半轴的长度绘制椭圆。椭圆的绘制如图5-3所示。

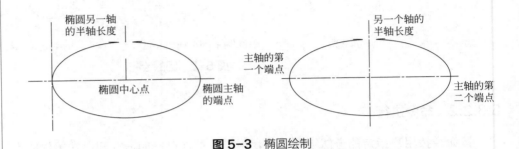

图 5-3 椭圆绘制

5.3.4 圆环

5.3.4.1 命令启动

命令是"DONUT"，按【回车】键或【空格】键。

单击功能区绘图栏【圆环】图案 ◉。

菜单位置：【绘图】-【圆环】。

5.3.4.2 命令执行

通过上述三种方法中的任意一种激活圆环命令。

① 指定圆环的内径；

② 指定圆环的外径；

③ 根据提示用鼠标点击圆环的圆心，或者直接输入圆心坐标。

注意：如将圆环的内径指定为"0"，则绘制出的圆形为实心圆。

5.3.5 矩形

5.3.5.1 命令启动

命令是"RECTANG"或"REC"，按【回车】键或【空格】键。

单击功能区绘图栏【矩形】图案 ▭。

菜单位置：【绘图】-【矩形】。

5.3.5.2　命令执行

输入"RECTANG"命令绘制矩形。

指定第一个角点或 [倒角 (C)/ 标高 (E)/ 圆角 (F)/ 厚度 (T)/ 宽度 (W)]：在屏幕中选取一点，作为指定的第一个角点，或输入坐标数据。

指定另一个角点或 [尺寸 (D)]：在屏幕中选取一点，作为指定的第二个角点，或输入坐标数据即可。

5.3.5.3　选项部分

标高（E）：指定矩形所在平面的高度。

厚度（T）：指定矩形的厚度。

宽度（W）：指定矩形四条边的宽度。

旋转（R）：指定矩形的旋转角度。

注意：指定了矩形的倒角、标高、圆角等值后，再命令启动，则这些值将成为当前值。

5.3.6　正多边形

5.3.6.1　命令启动

命令是"POLYGON"或"POL"，按【回车】键或【空格】键。

单击功能区绘图栏【正多边形】图案 ⬠。

菜单位置：【绘图】-【正多边形】。

可绘制 3～1024 条等长边的规则多边形。

5.3.6.2　命令执行

① 绘制内接正多边形方法：先在命令栏中输入正多边形命令，在命令栏中输入边数，指定正多边形的中心，输入内接于圆（I），再输入半径长度。

注意：【内接于圆（I）】表示绘制的多边形将内接于假想的圆。

② 绘制外切正多边形方法：先在命令栏中输入正多边形命令，在命令栏中输入边数，指定正多边形的中心，输入外切于圆（C），再输入半径长度。

注意：【外切于圆（C）】表示绘制的多边形将外切于假想的圆。

5.4　填充

（1）命令启动

命令是"BHATCH"或"BH/H"，按【回车】键或【空格】键。

单击绘图栏【填充】图案 。

菜单位置:【绘图】-【填充】。

(2) 命令执行

① 填充的设置

a. 输入"BHATCH",启动命令,系统弹出如图 5-4 所示【图案填充和渐变色】对话框。

图 5-4　图案填充和渐变色

b. 单击右下角 按钮,对话框变为如图 5-5 所示。

c. 在【允许间隙】选项组的【公差】文本框中,输入公差值。公差值越大,则允许的间隙值越大,允许的间隙越大。

d. 单击【边界】选项组的 添加:拾取点(K) 按钮,在返回的绘图窗口中,在不封闭区域内任意单击一点,打开如图 5-6 所示【开放边界警告】对话框。在此对话中,单击【继续填充此区域】按钮。

e. 单击鼠标右键,在弹出的快捷菜单中选择确认。

f. 在弹出的【图案填充和渐变色】对话框中选择填充的图案,并设定角度以及比例关系。设定后确定。

② 孤岛的填充

a. 孤岛:图案填充区域内的封闭区域。

b. 在【图案填充和渐变色】对话框中的"孤岛"选项组中控制孤岛样式。

c. 孤岛有三种填充样式:普通、外部和忽略。如图 5-7 所示。

图 5-5 填充设置展开对话框

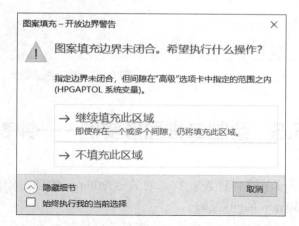

图 5-6 开放边界警告

图 5-7 孤岛填充样式

③ 渐变色填充图形：命令的启动有以下三种方式。

菜单命令：【绘图】-【渐变色】。

绘图工具栏上 "   " 图标。

命令行：输入 "gradient"。

a. 渐变填充提供光源反射到对象上的外观，可用于增强演示图形。渐变色填充区域会产生类似光照的反射效果。

b. 使用渐变色填充时，可在【图案填充和渐变色】对话框中，将【图案填充】选项卡切换至【渐变色】选项卡，如图 5-8 所示。

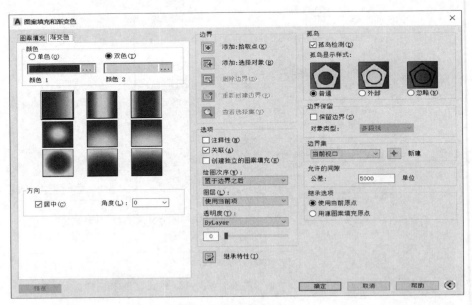

图 5-8 渐变色选项卡

5.5 绘制二维图形实例——钟表

① 绘制钟表轮廓：对直径 200mm 的圆，绘制直径 230 mm 的同心圆。

二维码5-1 钟表的绘制

② 绘制数字及标志：通过圆心绘制一条垂直的直线，与直径 200mm 的圆相交于一点。以交点为圆心绘制直径 10mm 的小圆。填充颜色为 SOLID。在小圆正下方编辑数字 12。选择填充的小圆和数字，利用环形阵列生成钟表的 12 个数字，依次修改数字即可。

③ 绘制时针和分针：绘制通过圆心的正三角形（底 10mm，高 175mm），绘制通过圆心的正三角形（底 10mm，高 155mm），填充颜色为 SOLID。

绘制结果如图 5-9 所示。

绘制好的钟表可以通过制作成外部块，插入已经做好的电视背景墙中，效果如图 5-10 所示。

图 5-9　钟表效果图

图 5-10　钟表置于背景墙效果图

二维码 5-2　第5章
在线习题

6 二维图形修改命令

明日复明日，明日何其多。

我生待明日，万事成蹉跎。

世人若被明日累，春去秋来老将至。

朝看水东流，暮看日西坠。

百年明日能几何，请君听我明日歌。

——《明日歌》

6.1　对象选择方式

（1）直接点取方式（默认）　通过鼠标或其他输入设备直接点取实体，之后实体呈高亮度显示，表示该实体已被选中，可以对其进行编辑。用户可以在 AutoCAD 工具菜单中调用【选项】，弹出【选项】对话框，选择【选择集】选项卡来设置选择框的大小（用户可以自己根据情况尝试修改，以达到满意的效果）。

（2）窗口方式　当在命令行输入"Select"时，如果将点取框移到图中空白地方并按住鼠标左键，AutoCAD 会提示：另一角。此时如果将点取框移到另一位置后按鼠标左键，AutoCAD 会自动以鼠标扫过的位置确定一个不规则的窗口。如果窗口是从左向右定义的，则框内的对象全被选中，而位于窗口外部以及与窗口相交的对象均未被选中；若不规则窗口是从右向左定义的，那么不仅位于窗口内部的对象被选中，而且与窗口边界相交的对象也被选中。事实上，从左向右定义的框是实线框，从右向左定义的框是虚线框（大家不妨注意观察一下）。对于窗口方式，也可以在命令行输入"Select"的提示下直接输入"W"（Windows），则进入矩形窗口选择方式，不过，在此情况下，定义窗口无论是从左向右还是从右向左，均为实线框。如果在命令行"Select"提示下输入"BOX"，然后再选择实体，则会出现与默认的窗口选择方式完全一样的效果。

（3）交叉选择　当在命令行输入"Select"时，键入"C"（Crossing），则无论从哪个方向定义矩形框，均为虚线框，均为交叉选择对象方式，只要是虚线框经过的地方，对象无论是与其相交还是包含在框内，均被选中。

6.2　删除

二维码6-1　删除、
镜像、复制、偏移

（1）命令启动　命令行：输入"ERASE"或"E"，按【回车】键或【空格】键。

功能区：修改栏【删除】图案 。

菜单命令：【修改】-【删除】。

（2）命令执行　选中所需删除图形，输入【删除】命令（DELETE/E）。常用选择对象方法有以下几种。

① 左键单击，直接选取。

② 框选。

a. 从左上到右下。特点：只有全部包含在选框内的才会被选中。

b. 从右下到左上。特点：选框涉及部分全部被选中。

c. 全选：按【All/Ctrl+A】

Ⅰ.按住【Shift】可选择要保留图素 / 启动删除命令，在系统提示选择对象时输入"R"（REMOVE）。

Ⅱ.ALL 必须放在"删除"命令后使用。

d.选择最后完成的对象：输入"L"。

使用"L"选择对象时，必须将其置于删除命令之后。

e.放弃删除：OOPS 仅限放弃最后一次删除。

UNDO［U］最多可放弃前 20 次删除。

6.3　复制

（1）命令启动　命令行：输入"COPY"或"CO"，按【回车】键或【空格】键。

功能区：修改栏【复制】图案 。

菜单命令：【修改】-【复制】。

（2）命令功能　将所选择的一个或多个对象生成副本，并将副本移动到其他位置。经复制产生的对象是完全独立于原对象的，可进行修改和其他操作。

（3）命令执行　启动复制命令后，系统提示如下。

此时需选择要复制的对象，并按【回车】键确认。

指定基点或［位移（D）］＜位移＞：

① 基点：复制对象时的参照点，即以哪一点开始复制。指定基点，系统将提示如下。

指定第二点或＜使用第一个点作为位移＞：

如果在"指定第二个点"提示下按【回车】键，则第一点（基点）将被理解为相对 X、Y、Z 位移。

② 位移：指示复制的对象移动的距离和方向。

注意：位移是以所绘制图形的中心点作为相对原点，计算距离及方向，即应输入表示矢量的坐标。要退出该命令，请按【回车】键。

可输入"U"放弃上一次复制对象。

6.4　镜像

（1）命令启动　命令行：输入"MIRROR"或"MI"，按【回车】键或【空格】键。

功能区：修改栏【镜像】图案 。

菜单命令：【修改】-【镜像】。

（2）命令功能　对图中已有实体进行对称变换。

（3）命令执行　启动复制命令后，系统提示进行如下操作。

① 选择要镜像的对象。

② 指定镜像直线的第一点和第二点。

③ 按【确定】键是保留对象，或者按【Y】将其删除。

6.5　偏移

（1）命令启动　命令行：输入"OFFSET"或"O"，按【回车】键或【空格】键。

功能区：修改栏【偏移】图案。

菜单命令：【修改】-【偏移】。

（2）命令功能　创建与原对象平行、等距离且比例关系不变的新对象，如同心圆、平行线等。

（3）命令执行　启动复制命令后，系统提示如下。

指定偏移距离或［通过（T）/删除（E）/图层（L）]＜通过 T ＞：可以输入值。

选择要偏移的对象，或［退出（E）/放弃（U）]。

指定要偏移那一侧上的点，或［退出（E）/多个（M）/放弃（U）]。

选择要偏移的对象，或按【确定】结束命令。

（4）选项部分　删除（E）：偏移操作后，将原对象删除。

多个（M）：使用当前偏移距离重复进行偏移操作。

放弃（U）：恢复前一个偏移。

二维码6-2　阵列、
移动、旋转、缩放

6.6　阵列

（1）命令启动　命令行：输入"ARRAY"或"AR"，按【回车】键或【空格】键。

功能区：修改栏【阵列】图案。

菜单命令：【修改】-【阵列】。

（2）命令功能　阵列分为矩形阵列和环形阵列。矩形阵列可将图形以行和列的方式复制排列；环形阵列可将一图形以圆周分布的方式复制排列。

（3）命令执行

① 矩形阵列的步骤：启动阵列命令后，出现如图 6-1 所示框图。

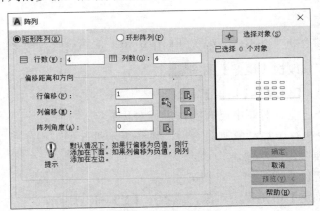

图 6-1　阵列选项卡

在对话框中选择【矩形阵列】，选择【选择对象】，去选择物体并确定。

使用以下方法之一指定对象间水平和垂直间距（偏移）。

a. 在行偏移和列偏移中输入行间距、列间距，添加加号"+"或减号"–"确定方向。

b. 单击【拾取行列偏移】按钮，使用定点设备指定阵列中某个单元的相对角点，此单元决定行和列的水平和垂直间距。

c. 单击【拾取行偏移】或【拾取列偏移】按钮，使用定点设备指定水平和垂直间距。

若要修改阵列的旋转角度，请在【阵列角度】旁边输入新角度。

② 环形阵列的步骤：启动阵列命令后，出现如图6-2所示框图。

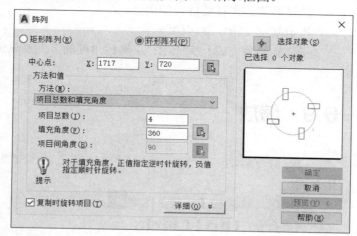

图6-2　环形阵列选项卡

在其对话框中选择【环形阵列】。

指定中点后，执行以下操作之一。

a. 输入环形阵列中点的 X 坐标值和 Y 坐标值。

b. 单击【拾取中点】按钮，【阵列】对话框关闭，使用定点设备指定环形阵列的圆心。

选择【选择对象】。

输入项目数目（包括原对象）。

确定即可。

6.7　移动

（1）命令启动　命令行：输入"MOVE"或"M"，按【回车】键或【空格】键。

功能区：修改栏【移动】图案　。

菜单命令：【修改】-【移动】。

（2）命令功能　可把一个图形从一个位置移到另一个位置。

（3）命令执行　启动移动命令。

选择对象：选择要移动的图形。

指定移动基点或［位移 D］：选定的对象移动到由第一点和第二点之间的方向或距离确定的新位置。

6.8　旋转

（1）命令启动　命令行：输入"ROTATE"或"RO"，按【回车】键或【空格】键。

功能区：修改栏【旋转】图案 ⚙。

菜单命令：【修改】-【旋转】。

（2）命令功能　可将图形绕指定的圆心旋转一定的角度。

（3）命令执行　启动旋转命令。

选择对象：选择要旋转的图形。

指定基点：指定旋转的圆心。

指定旋转角度或［参照 (R)］：旋转角度的方向默认值为逆时针方向。

6.9　缩放

（1）命令启动　命令行：输入"SCALE"或"SC"，按【回车】键或【空格】键。

功能区：修改栏【缩放】图案 ▢。

菜单命令：【修改】-【缩放】。

（2）命令功能　放大或缩小图形。

（3）命令执行　启动缩放命令。

选择对象：选择要缩放的图形。

指定基点：指定缩放的中心点。

指定比例因子或［参照 (R)］：比例因子大于 1 为放大，小于 1 为缩小。

二维码6-3　拉伸、
修剪、延伸、断开

6.10　拉伸

（1）命令启动　命令行：输入"STRETCH"或"S"，按【回车】键或【空格】键。

功能区：修改栏上【拉伸】图案 ◱。

菜单命令：【修改】-【拉伸】。

（2）命令功能　用来把图形的单个边进行缩放。

（3）命令执行　启动拉伸命令。

选择对象：选择要拉伸的图形。

指定基点或［位移 D］：选定对象拉伸的起点。

指定第二个点或 ＜使用第一个点作为位移＞：选定对象拉伸的距离（拉伸的距离可以由鼠标指定，也可由键盘输入）。

注意：用交叉窗口或交叉多边形选择要拉伸的对象时，应以左起半包围的方式选择拉伸对象。

6.11　修剪

（1）命令启动　命令行：输入"TRIM"或"TR"，按【回车】键或【空格】键。

功能区：修改栏【修剪】图案 ✂ 。

菜单命令：【修改】-【修剪】。

（2）命令功能　以一条线为边界，修剪另一条线。

（3）命令执行　启动修剪命令。

选择对象：选择要修剪的对象，按住【Shift】键选择要延伸的对象，或［投影 (P)/ 边 (E)/ 放弃 (U)］。

说明：输入"E"，选择延伸，可以修剪不相交的直线；选择不延伸，只能修剪相交的直线。

6.12　延伸

（1）命令启动　命令行：输入"EXTEND"或"EX"，按【回车】键或【空格】键。

功能区：修改栏【延伸】图案 ┈/ 。

菜单命令：【修改】-【延伸】。

（2）命令功能　以一条线为边界，延伸到另一条线。

（3）命令执行　启动延伸命令。

选择作为边界的边。

选择对象：选择要延伸的对象，按住【Shift】键选择要修剪的对象，或［栏选 (F)/ 窗交 (C)/ 投影 (P)/ 边 (E)/ 放弃 (U)］。

6.13　打断

（1）命令启动　命令行：输入"BREAK"或"BR"，按【回车】键或【空格】键。

功能区：修改栏【打断】图案 ⬚ 。

菜单命令：【修改】-【打断】。

（2）命令功能　在直线、圆、圆弧或二维多段线等图形之间断开一定距离。

（3）命令执行　启动断开命令后，系统提示如下。

选择对象：选择要打断的第一点。

指定第二个打断点或［第一点 (F)］：指定要打断的第二点。

说明：输入"F"，则第一点不打断，在第二点与第三点之间打断。

二维码6-4　合并、倒角、圆角、分解

6.14　合并

（1）命令启动　命令行：输入"JOIN"或"J"，按【回车】键或【空格】键。

功能区：修改栏【合并】图案 ⇥⇤ 。

菜单命令：【修改】-【合并】。

（2）命令功能　将直线、圆、圆弧或二维多段线等图形的部分合并为一个整体。

（3）命令执行　启动断开命令后，系统提示如下。

选择源对象（源对象是指要将相似的对象与之合并的对象）。

选择要合并到源的对象。

① 合并条件如下。

a. 要合并的直线对象必须共线，即位于同一条无限长的直线上，它们之间允许有间隙。

b. 要合并的多段线对象之间不能有间隙，且必须位于同一平面内。

c. 要合并的圆弧对象必须位于同一个圆上，它们之间允许有间隙。

② 注意事项如下。

a. 合并两条或多条圆弧（或椭圆弧）时，将从源对象开始沿逆时针方向合并圆弧（或椭圆弧）。

b. 选择【闭合（L）】选项，可将圆弧（或椭圆弧）转变成一个完整的圆（椭圆弧）。

c. 要合并的样条曲线对象必须位于同一平面内，且必须首尾相连。

6.15　倒角

（1）命令启动　命令行：输入"CHAMFER"或"CHA"，按【回车】键或【空格】键。

功能区：修改栏【倒角】图案 ◺ 。

菜单命令：【修改】-【倒角】。

（2）命令功能　直线、多段线的等边倒角或不等边倒角。

（3）命令执行　启动倒角命令，系统提示如下。

chamfer（"修剪"模式）当前倒角距离 1=0.000，距离 =0.000

选择第一条直线或 [多段线 (P)/ 距离 (D)/ 角度 (A)/ 修剪 (T)/ 方法 (M)]：D

指定第一个倒角距离＜0.000＞：5

指定第二个倒角距离＜5.000＞：5

选择第一条直线或 [多段线 (P)/ 距离 (D)/ 角度 (A)/ 修剪 (T)/ 方法 (M)]：

选择第二条直线：

说明如下。

多段线 (P)：指明被倒角的对象为多段线，可实现一次全部倒角。

距离 (D)：输入倒角的距离。

角度 (A)：输入倒角的角度。

修剪 (T)：选择修剪，实现倒角；选择不修剪，倒角后仍保留原直线。

6.16　圆角

（1）命令启动　命令行：输入"FILLET"或"F"，按【回车】键或【空格】键。

功能区：修改栏【圆角】图案 ◢ 。

菜单命令：【修改】-【圆角】。

（2）命令功能　将两个图形对象用一个指定半径的圆弧进行光滑连接。

（3）命令执行　启动圆角命令，系统提示如下。

当前模式：模式 = 修剪，半径 =0.000

选择第一个对象或［放弃 (U)/ 多段线 (P)/ 半径 (R)/ 修剪 (T)/ 多个 (M)］：R

指定圆角半径 ＜0.000＞：20

选择第一个对象或［放弃 (U)/ 多段线 (P)/ 半径 (R)/ 修剪 (T)/ 多个 (M)］：

选择第二个对象：

说明如下。

多段线 (P)：指明被修圆角的对象为多段线，可实现一次全部倒角。

半径 (R)：输入圆角的半径。

修剪 (T)：选择修剪，实现圆角；选择不修剪，圆角后仍保留原直线。

6.17　分解

（1）命令启动　命令行：输入"EXPLODE"或"X"，按【回车】键或【空格】键。

功能区：修改栏【分解】图案 ◢ 。

菜单命令：【修改】-【分解】。

（2）命令功能　将选定的对象图形分解为最简单的图形。

（3）命令执行　启动分解命令，系统提示如下。

选择对象：选择要分解的对象。

说明：多段线分解后为直线或圆弧；图块和图案填充分解后为基本的线条，标注分解后为基本的直线和数字。对文字不能使用分解命令。

二维码6-5　操作实
例：稳压配水井的
绘制

二维码6-6　第6章
在线习题

7 图块与属性

圣人不贵尺之璧而重寸之阴。

——《淮南子·原道训》

7.1　图块

二维码7-1　图块与
属性

　　图块也称为块，是 AutoCAD 图形设计中的一个重要
概念。在绘制图形时，如果图形中有大量相同或相似的
内容，或者所绘制的图形与已有的图形文件相同，则可
以把要重复绘制的图形创建成块，并根据需要为块创建属性，指定块的名称、
用途及设计者等信息，在需要时直接插入它们，从而提高绘图效率。

　　当然，用户也可以把已有的图形文件以参照的形式插入到当前图形中（即
外部参照），或是通过 AutoCAD 设计中心浏览、查找、预览、使用和管理
AutoCAD 图形、块、外部参照等不同的资源文件。

　　块是一个或多个对象组成的对象集合，常用于绘制复杂、重复的图形。一
旦一组对象组合成块，就可以根据作图需要将这组对象插入到图中任意指定位
置，而且还可以按不同的比例和旋转角度插入。在 AutoCAD 中，使用块可以提
高绘图速度、节省存储空间、便于修改图形。

7.1.1　创建图块

　　"图块"是将一些线条按照功能组合起来形成单个图形对象的集合。在对
图块进行各种操作之前首先要创建图块。

7.1.1.1　创建内部图块

　　（1）命令启动　命令行：输入"BLOCK"或"B"，按【回车】键或【空格】键。
工具栏：绘图工具栏上 图标。

　　菜单命令：【绘图】-【块】-【创建】。

　　（2）命令功能　多个图形组合后定义为一个整体图形，并以块文件命名。
调用块文件名，即可将块图形插入其他图形中。"BLOCK"命令创建的块，只
保留在内存中，关机后消失。

　　（3）命令执行　启动"BLOCK"命令后，系统将弹出如图 7-1 所示【块
定义】对话框。

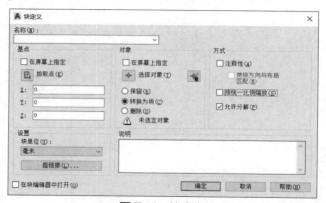

图 7-1　块定义

① 名称：指定新建图块的名称。

提示如下。

a. 名称包含字母、数字、中文等，最多可输入 255 个字符。每个字母和数字各占 1 个字符，中文占 2 个字符。

b. 块名称中不能包括字符【=】【<】【>】【/】【\】【"】【:】【;】【?】【*】【|】【,】【、】。如不慎输入上述字符，则系统弹出如图 7-2 所示对话框。

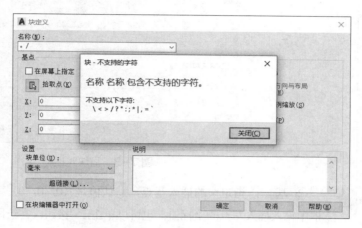

图 7-2 定义块选项警告

② 基点：指定块的插入基点，默认值是（0，0，0）。可以在"X""Y""Z"文本框中输入插入基点的坐标值；也可以单击 按钮，在绘图窗口中拾取插入基点。

③ 对象：指定新建块中要包含的对象。

保留：创建图块后，将选定对象保留在图形中。

转换为块：将选定对象转换为块。

删除：创建图块后，将选定对象从图形中删除。

注意：创建块只在创建它的图形文件中适用。

提示：当没有选择任何作为块的对象时，在"对象"区域的下方会显示 ⚠ 符号，选择对象后，在此区域显示选定对象的数目。

7.1.1.2 创建外部图块

（1）命令启动　命令行：输入"WBLOCK"或"W"，按【回车】键或【空格】键。

（2）命令功能　"WBLOCK"命令创建的块需命名一文件名，由指定的路径保存在硬盘中。确定后，块被创建，需要时由插入命令插入指定位置。

（3）命令执行　启动"WBLOCK"命令后，系统将弹出如图 7-3 所示【写块】对话框。

① 源：指定创建外部块的图形来源。

a. 块：如果当前图形中存在块定义，则可在其右侧的下拉列表框中指定某个块对象，并用该对象来创建外部块。

b. 整个图形：将绘图窗口中的全部图形创建为外部块。

c. 对象：选择绘图窗口中的一个或多个图形创建外部块。

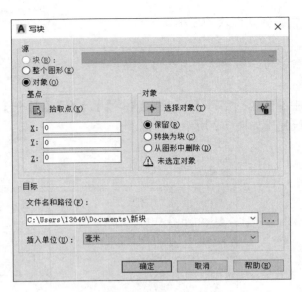

图 7-3　写块对话框

　　② 基点：指定块的插入基点，默认值是（0，0，0）。可以在"X""Y""Z"文本框中输入插入基点的坐标值；也可以单击 按钮，在绘图窗口中拾取插入基点。

　　③ 目标：指定保存外部块的图形文件名称以及文件路径。还可以设置插入图块的路径。

7.1.2　插入块

　　（1）命令启动　命令行：输入"INSERT"或"I"，按【回车】键或【空格】键。

　　工具栏：绘图工具栏上 图标。

　　菜单命令：【插入】-【块】。

　　（2）命令执行　启动"INSERT"命令后，系统将弹出如图 7-4 所示【插入】对话框。

图 7-4　插入对话框

　　①【名称】下拉列表框：用于选择块或图形的名称，用户也可以单击其后的【浏览】按钮，打开【选择图形文件】对话框，选择要插入的块和外部图形。

　　②【插入点】选项区域：用于设置块的插入点位置。

③【比例】选项区域：用于设置块的插入比例。可不等比例地缩放图形，在 X、Y、Z 三个方向进行缩放。
④【旋转】选项区域：用于设置块插入时的旋转角度。
⑤【分解】复选框：选中该复选框，可以将插入的块分解成组成块的各基本对象。

7.2　块属性

块属性是随着块插入的附属文本信息。属性包含用户生成技术报告所需的信息，它可以是常量或变量、可视的或不可视的。当用户将一个块及属性插入到图形中时，属性按块的缩放、比例和转动来显示。

7.2.1　定义属性

（1）命令启动　命令行：输入"ATTDEF"或"ATT"，按【回车】键或【空格】键。
菜单命令：【绘图】-【块】-【定义属性】。
（2）命令执行　启动"ATT"命令后，系统将弹出如图 7-5 所示【属性定义】对话框。

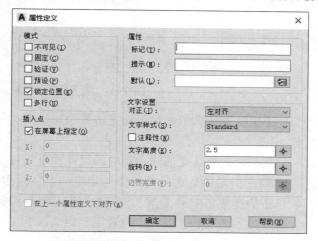

图 7-5　属性定义对话框

① 模式。
a. 不可见：插入块时，属性值既不显示在图形中，也不打印出来。
b. 固定：插入块时使用固定的属性值。
c. 验证：插入块时对属性值的正确性进行验证。
d. 预设：插入块时系统不会提示输入新属性值，自动将属性设置为默认值。
② 属性：用于设置属性数据。
a. 标记：属性的名字，可以包括除空格以外的任何字符或符号，并且 CAD 会自动将小写转换为大写。
b. 提示：指定在插入含有属性定义的图块时显示的提示信息。如在此项不输入文字信息，则 CAD 自动将属性标记作为提示。如在"模式"中选择了"固定"模式，则此项不可用。
c. 默认：指定默认的属性值。单击 按钮，系统将弹出【字段】对话框，此时可以插入一个字段作为属性的值。

注意：可以创建独立的属性而不将其附着到块中。定义属性并保存图形后（WBLOCK），可以将图形文件插入到另一图形中。插入时出现输入属性值的提示。

③插入点：块中文字插入点的位置。

7.2.2　编辑块属性

（1）命令启动　命令行：输入"EATTEDIT"，按【回车】键或【空格】键。

工具栏：修改工具栏上 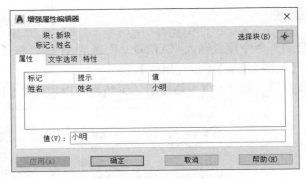 按钮。

菜单命令：【修改】-【对象】-【属性】-【单个】。

（2）命令执行　启动命令，系统将弹出如图 7-6 所示【增强属性编辑器】对话框。

图 7-6　增强属性编辑器

①【属性】选项卡：显示指定给每个属性的标记、提示和值。只能更改属性值。

a. 列出：列出选定的块实例中的属性并显示每个属性的特性。

b. 值：指定给选定属性的值。要将一个字段用作该值，请单击鼠标右键，然后单击快捷菜单中的【插入字段】，将显示【字段】对话框。

②【文字选项】选项卡：设置用于定义属性文字在图形中的显示方式的特性。在【特性】选项卡上修改属性文字的颜色。

a. 文字样式：指定属性文字的文字样式。将文字样式的默认值指定给在此对话框中显示的文字特性。

b. 对正：指定属性文字的对正方式（左对正、居中对正或右对正）。

c. 高度：指定属性文字的高度。

d. 旋转：指定属性文字的旋转角度。

e. 反向：指定属性文字是否反向显示。

f. 颠倒：指定属性文字是否倒置显示。

g. 宽度比例：设置属性文字的字符间距。输入小于 1.0 的值将压缩文字间距。输入大于 1.0 的值则扩大文字间距。

h. 倾斜角度：指定属性文字自垂直轴倾斜的角度。

③【特性】选项卡：定义属性所在的图层以及属性文字的线宽、线型和颜色。如果图形使用打印样式，可以使用【特性】选项卡为属性指定打印样式。

a. 图层：指定属性所在图层。

b. 线型：指定属性的线型。

c. 颜色：指定属性的颜色。

d. 打印样式：指定属性的打印样式。

注意：如果当前图形使用颜色相关打印样式，则"打印样式"列表不可用。

e. 线宽：指定属性的线宽。

7.3　绘图实例——标高

以绘制、定义水平标高为例，操作步骤如下。

① 画水平标高的图形。

②【绘图】-【块】-【定义属性】。

③ 属性定义框中选中【验证】，输入标记：W。提示：水平标高。值：0.00。

④ 选中文字插入的位置 W，【确定】。

⑤ 命令行输入"WBLOCK"，【回车】。

⑥ 显示块定义对话框。

⑦ 选取基点插入点；选中整个图形为对象，【确定】。

⑧【插入】-【块】，显示插入对话框。

⑨ 输入块名：W，【确定】。

⑩ 命令行显示：输入属性值。

水平标高＜0.00＞：5.88

验证属性值

水平标高＜5.88＞：

创建水平标高的属性定义如图 7-7 所示。

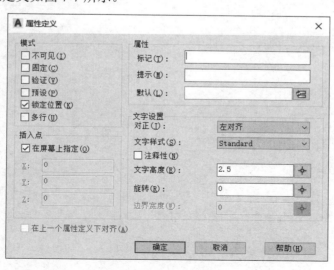

二维码7-2　第7章
在线习题

图 7-7　设置标高

8 文本和尺寸标注

三更灯火五更鸡，正是男儿读书时。黑发不知勤学早，白首方悔读书迟。

——颜真卿

8.1　文字样式

二维码8-1　文字样式

（1）命令启动　命令行：输入"STYLE"按【回车】键或【空格】键。

工具栏：【注释】工具栏上 ![按钮] 按钮。

菜单命令：【格式】-【文字样式】。

（2）命令功能　设置标注文字的字体、字高、字体样式和宽高比例。

（3）命令执行　启动命令后，显示【文字样式】对话框，如图8-1所示。

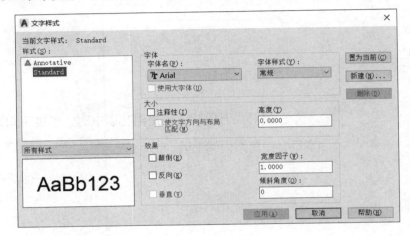

图 8-1　文字样式

新建：建立并保存一个新文字样式，该样式包含图8-1中的各项设置。一般应分别新建一个中文样式和一个英文样式，中文样式中的字体名选择中文，英文样式中字体名选择英文。标注中文时用中文样式，标注英文和数字时用英文样式，这样可以避免中英文冲突。

可以新建多个文字样式，供需要时调用。

如果在【使用大字体】选项中打"√"，则在字体窗口中将看不到中文字体。

8.1.1　创建文字

在图形上添加文字，考虑的问题是字体、文本信息、文本比例、文本的类型和位置。

① 字体：文字的不同书写形式，包括所有的大、小写文本，数字以及宋体、仿宋体等文字。

② 文本信息：文本内容。

③ 位置：和所描述的实体平行，放置在图形外部，尽量不与图形的其他部分相重叠。

④ 类型：有以下两种。

通用注释：整个项目的一个特定说明。局部注释：项目中某一部分说明。

　　⑤ 文本比例：为方便得到理想的文本高度，文本比例系数可以和图形比例系数互用。AutoCAD 为文本定义了四条定位线，即顶线、中线、基线、底线，如图 8-2 所示。

图 8-2　文本样式说明

8.1.2　单行文字

　　（1）命令启动　命令行：输入"TEXT/DTEXT"或"DT"，按【回车】键或【空格】键。

　　工具栏：【文字】工具栏上 **A** 按钮。

　　菜单命令：【绘图】-【文字】-【单行文字】。

　　（2）命令功能　文字的行宽由拉伸标尺确定。

　　（3）命令执行　启动命令后，系统提示如下。

　　当前文字样式：Standard ；当前文字高度：2.5000。

　　指定文字的起点或［对正 (J)/ 样式 (S)］。

　　指定高度＜10.0000＞：回车。

　　指定文字的旋转角度＜0＞：回车。

　　输入文字：输入文字。

　　按两次【回车】键退出单行文字输入。

　　说明如下。

　　① 对多行文字的修改比单行文字方便灵活，不仅可以修改文字，还可修改文字的字高、字体和其他特性。

　　② 单行文字填充表格时比较方便，修改时只能修改文字。

8.1.3　多行文字

　　（1）命令启动　命令行：输入"MTEXT"或"MT/T"，按【回车】键或【空格】键。

　　工具栏：【注释】工具栏上的 **A** 按钮。

　　菜单命令：【绘图】-【文字】-【多行文字】。

　　（2）命令功能　由任意数目的文字行或段落组成，布满指定的宽度。

　　（3）命令执行　启动命令后，系统提示如下。

　　指定第一角点：选择一点作为第一点。

　　指定对角点或［高度（H）/ 对正 (J)/ 行距 (L)/ 旋转 (R)/ 样式 (S)/ 宽度 (W)］：指定对角点。

　　指定对角点后，系统将建立一个文本边框，并弹出【在位文字编辑器】。【在位文字编辑器】由【文字格式】工具栏及一个顶部带标尺的文字输入框组成，如图 8-3 所示。

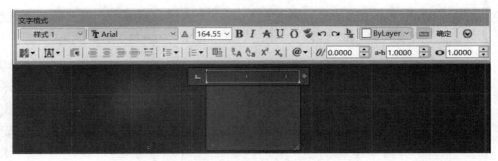

图 8-3　在位文字编辑器

8.1.4　编辑文字

（1）命令启动　命令行：输入"DDEDIT"或"ED"，按【回车】键或【空格】键。

工具栏：【文字】工具栏上 按钮。

菜单命令：【修改】-【对象】-【文字】-【编辑】。

（2）命令功能　由任意数目的文字行或段落组成，布满指定的宽度。

（3）命令执行　启动命令后，系统提示如下。

选择注释对象［放弃（U）］：选择要编辑的对象进行编辑即可。

8.1.5　查找和替换

（1）命令启动　命令行：输入"FIND"，按【回车】键或【空格】键。

工具栏：【文字】工具栏上 按钮。

菜单命令：【编辑】-【查找】。

（2）命令功能　查找、替换、选择或缩放指定的文字。

（3）命令执行　启动命令后，弹出如图 8-4 所示对话框。

图 8-4　文字替换命令

说明如下。

查找内容：指定要查找的字符串。在此输入字符串或从列表中最近使用过的六个字符串中选择一个。

替换为：指定用于替换找到文字的字符串。在此输入字符串或从列表中最近使用过的六个字符串中选择一个。

查找位置：指定是在整个图形中查找还是仅在当前选择中查找。如果已选择某选项，【当前选择】将为默认值。如果未选择任何选项，【整个图形】将为默认值。可以用【选择对象】按钮临时关闭该对话框并创建或修改选择集。

【选择对象】按钮：临时关闭该对话框以便可以在图形中选择对象。按【回车】键返回对话框。当选择对象时，【查找位置】将显示【当前选择】。

选项：显示【查找和替换】选项对话框，如图 8-5 所示，从中可以定义要查找的对象和文本的类型。

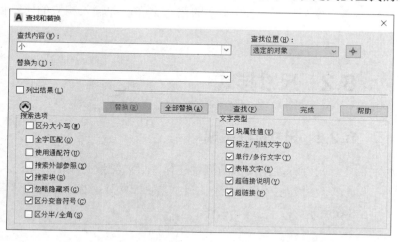

图 8-5　查找和替换

查找：查找在【查找内容】里输入的文字。如果没有在【查找内容】里输入文字，则该选项不可用。AutoCAD 在【上下文】区域显示找到的文字。一旦找到第一个匹配的文本，【查找】选项就变为【查找下一个】。用【查找下一个】可以查找下一个匹配的文本。

替换：用在【替换为】里输入的文字替换找到的文字。

全部替换：查找所有与在【查找内容】里输入的文字匹配的文本，并用在【替换为】里输入的文字替换之。AutoCAD 根据在【查找位置】里的设置，在整个图形或当前选择中进行查找和替换。状态区对替换进行确认并显示替换次数。

全部选择：查找并全部选择包含在【查找内容】里输入文字的加载对象。只有当【查找位置】设成【当前选择】时，此选项才可用。当选择【全部选择】时，该对话框将关闭，AutoCAD 在命令行显示找到并选择的对象数目。注意，【全部选择】并不替换文字，AutoCAD 忽略【替换为】里的任何文字。

缩放为：显示当前图形中包含查找或替换结果的区域。尽管 AutoCAD 搜索模型空间和图形中定义的所有布局，但只能对当前模型或布局选项卡中的文字进行缩放。当缩放在多行文字对象中找到的文字时，有时找到的字符串可能不在图形的可视区里显示。

8.1.6　调整文字比例

（1）命令启动　命令行：输入"SCALETEXT"，按【回车】键或【空格】键。

工具栏：【文字】工具栏上 按钮。

菜单命令：【修改】-【对象】-【文字】-【比例】。

（2）命令功能　查找、替换、选择或缩放指定的文字。

（3）命令执行　启动命令后，按以下步骤操作。

选择对象：选定要调整的对象。

输入缩放的基点选项 [现有 (E)/ 左 (L)/ 中心 (C)/ 中间 (M)/ 右 (R)/ 左上 (TL)/ 中上 (TC)/ 右上 (TR)/ 左中 (ML)/ 正中 (MC)/ 右中 (MR)/ 左下 (BL)/ 中下 (BC)/ 右下 (BR)] ＜现有＞：输入基点选项。

指定新高度或 [匹配对象 (M)/ 缩放比例 (S)]。

匹配对象：选取图面上已有的文字高度作为参考。

缩放比例：选取文字的已有字高，并输入相应的比例值进行调整。

二维码8-2　尺寸样式、新建和修改尺寸样式

8.2　尺寸样式

8.2.1　尺寸标注组成

尺寸标注是图形的测量注释，可以测量并显示对象的长度、角度等测量值。

尺寸标注由尺寸线、尺寸界线、标注文字、箭头等基本元素组成，如图 8-6 所示。

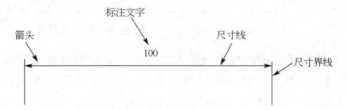

图 8-6　尺寸标注的基本元素

8.2.2　尺寸标注样式

尺寸标注样式用于控制尺寸标注中各个基本元素的外观。

（1）命令启动　命令行：输入 "DIMSTYLE" 或 "D"，按【回车】键或【空格】键。

工具栏：【标注】工具栏上的 按钮。

菜单命令：【格式】-【标注样式】。

（2）命令执行　启动命令，系统弹出如图 8-7 所示的【标注样式管理器】对话框。

在此对话框中，显示了当前的标注样式，以及当前标注样式的文字说明和预览图像。在该对话框中，可以进行新建尺寸样式、修改尺寸样式、设置当前尺寸样式等操作。

说明如下。

新建：建立一个新的标注样式。

修改：对样式（S）进行修改。

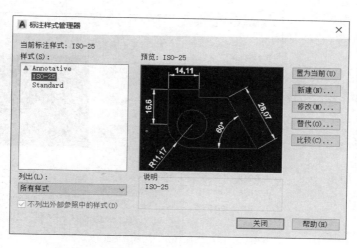

图 8-7 标注样式管理器

置为当前：把修改后的一个样式置于当前使用状态。

替代：替代当前标注样式。

比较：列出标注样式的各项参数。

8.2.3 新建尺寸标注样式

在【标注样式管理器】对话框中，可以新建标注尺寸样式。操作步骤如下。

① 在【标注样式管理器】对话框中，单击 新建(N)... 按钮，弹出如图 8-8 所示【创建新标注样式】对话框。

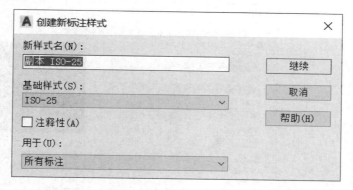

图 8-8 创建新标注样式

新样式名：在该文本框中，可输入新样式的名称。

基础样式：在该下拉列表中可以指定一个尺寸样式作为新样式的基础样式。

用于：在该下拉列表中指定新样式控制的尺寸类型。系统默认的选项是【所有标注】。

② 单击【创建新标注样式】对话框中的 继续 按钮，弹出如图 8-9 所示的【新建标注样式】对话框。

在此对话框中设置好各个选项后，单击 确定 按钮，即可创建一个新的标注样式。

【新建标注样式】对话框包括 7 个选项卡，各选项卡的功能如下。

a.【线】选项卡：在该选项组中，可设置尺寸线、尺寸界线等。

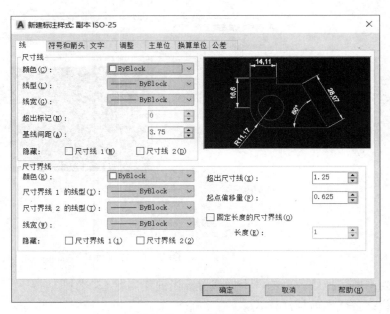

图 8-9　新建标注样式

【尺寸线】选项组：指定尺寸线的颜色、线宽等。其中，【超出标记】只有在尺寸线两端不是箭头的情况下方可使用。

【尺寸界线】选项组：指定尺寸界线的颜色、线宽等。

b.【符号和箭头】选项卡：在该选项卡中，可以设置箭头、圆心标记、弧长符号等，如图 8-10 所示。

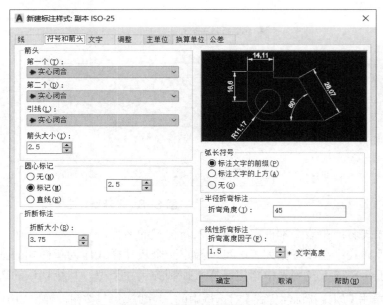

图 8-10　符号和箭头选项卡

【箭头】选项组：在该选项组中，可以选择箭头的样式、设定箭头的大小等。

注意：当改变第一个箭头的类型时，第二个箭头将自动改变以匹配第一个箭头；但当改变第二个箭头时，第一个箭头不发生任何变化。

【圆心标记】选项组：设定圆心标记的类型及大小。

【弧长符号】选项组：控制弧长标注中圆弧符号的显示。

c.【文字】选项卡：在该选项卡中，可以改变文字的外观、指定文字的高度等，如图 8-11 所示。

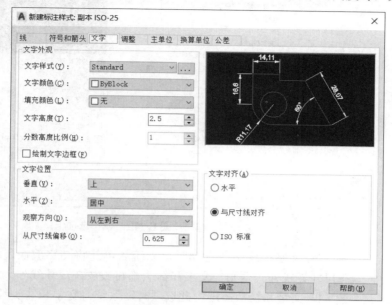

图 8-11 文字选项卡

【文字外观】选项组：指定文字样式、文字颜色等。

Ⅰ.文字高度：只有在标注文字所使用的文字样式中的文字高度设定为"0"时，此选项才是有效的。

Ⅱ.分数高度比例：指定分数型字符与其他字符的比例。但要注意，只有在【主单位】选项卡中【单位格式】下拉列表中选择了【分数】选项时，此选项才可使用。

Ⅲ.绘制文字边框：选中此复选框，可以给标注文字添加矩形边框。

【文字位置】选项组：指定标注文字的位置。

【文字对齐】选项组：指定标注文字的放置方向。

Ⅰ.水平：将所有标注文字水平放置。

Ⅱ.与尺寸线对齐：将所有标注文字与尺寸线对齐。

Ⅲ.ISO 标准：当标注文字在两条尺寸界线的内部时，标注文字与尺寸线对齐，否则，标注文字将水平放置。

d.【调整】选项卡：在此选项卡中，可以指定标注文字、尺寸箭头及尺寸线间的位置关系、指定尺寸标注的总体比例，如图 8-12 所示。

【调整选项】选项组：当尺寸界线之间不能同时放置文字和箭头时，则可在该选项组指定如何放置文字和箭头。

Ⅰ.文字或箭头（最佳效果）：选中此选项时，系统自动将文字或箭头中的一个放在尺寸界线外侧，以达到最佳的标注效果。

Ⅱ.箭头：选中此选项时，系统尽可能将箭头放在尺寸线内，而将文字放在尺寸界线外。否则，文字和箭头都将被放在尺寸线外。

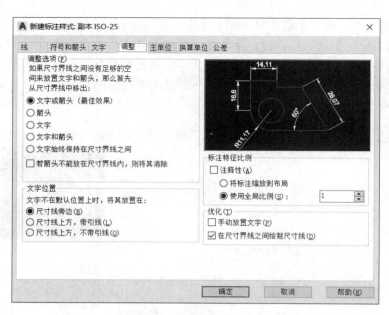

图 8-12 调整选项卡

Ⅲ. 文字：选中此选项时，系统尽可能将文字放在尺寸线内，而将箭头放在尺寸界线外。否则，文字和箭头都将被放在尺寸线外。

Ⅳ. 文字和箭头：选中此选项时，系统将文字和箭头都放在尺寸界线外。

Ⅴ. 文字始终保持在尺寸界线之间：选中此选项，系统总是将文字放在尺寸界线内。

Ⅵ. 若箭头不能放在尺寸界线内，则将其消除：选中此复选框，当箭头不能放在尺寸界线内，且箭头也没被调整到尺寸界线外时，系统将不绘制箭头。

【文字位置】选项组：指定文字不在默认位置时的放置方式。

【标注特征比例】选项组：指定尺寸标注总体比例。

Ⅰ. 使用全局比例：选中该选项时，输入的全局比例值将影响尺寸标注中所有的基本元素。

Ⅱ. 将标注缩放到布局：选中该选项时，系统根据当前模型空间视口和图纸空间之间的比例确定比例因子。

【优化】选项组：在该区域可以指定放置标注文字的其他选项。

e.【主单位】选项卡：指定尺寸数值的精度、指定比例因子等，如图8-13所示。

【线性标注】选项组：指定线性尺寸的单位格式及精度。

【分数格式】只有在【单位格式】下拉列表中选择了【分数】选项时，此选项才可用。

【测量单位比例】选项组：指定线性标注测量值的比例因子。

【消零】选项组：隐藏长度型尺寸数字前面或后面的"0"。

【角度标注】选项组：指定角度尺寸的单位格式及精度。

其包含的【消零】选项是用于隐藏角度型尺寸数字前面或后面的"0"。

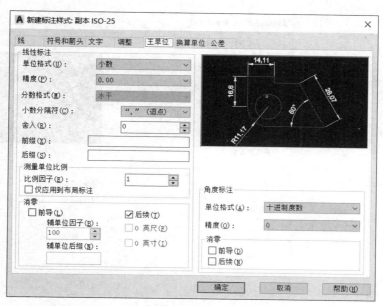

图 8-13 主单位选项卡

f.【换算单位】选项卡。用于将一种标注单位换算为另一种标注的单位，如图 8-14 所示。

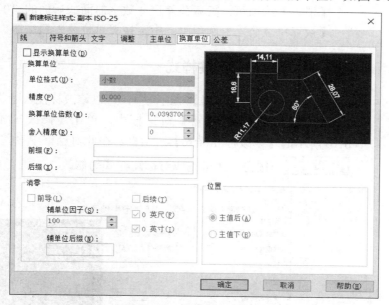

图 8-14 换算单位选项卡

【换算单位】选项组：指定线性尺寸的单位格式及精度。

Ⅰ. 换算单位倍数：在此对话框中指定主单位与换算单位间的比例因子。

Ⅱ. 舍入精度：在此对话框中指定除角度之外的所有标注类型的换算单位的舍入规则。

Ⅲ. 前缀：在此文本框中指定换算标注文字的前缀。

【消零】选项组：隐藏尺寸数字前面或后面的"0"。

【位置】选项组：指定换算单位的位置。

g.【公差】选项卡：指定公差格式、换算单位尺寸精度等，如图 8-15 所示。

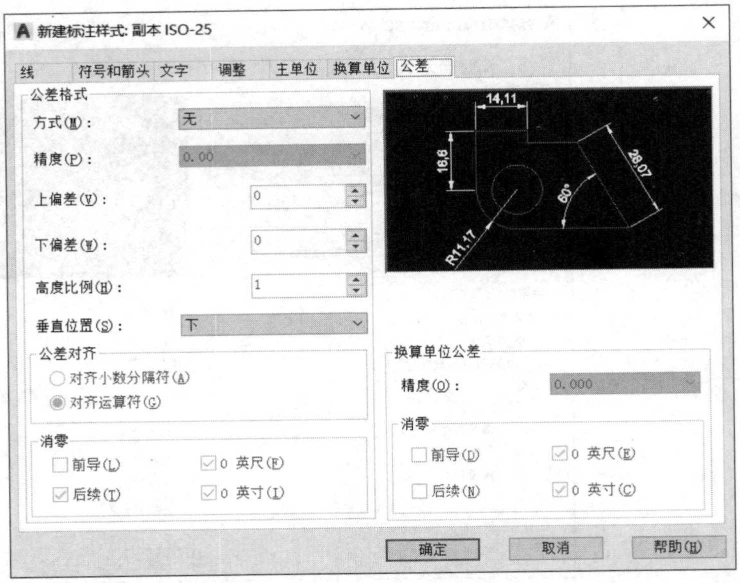

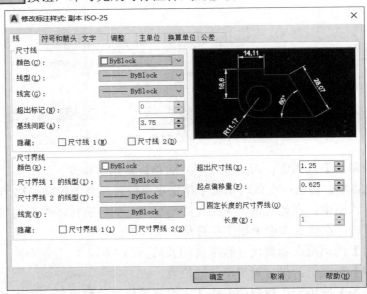

图 8-15　公差选项卡

【公差格式】选项组：指定公差方式及精度等。

【消零】选项组：隐藏公差尺寸数字前面或后面的"0"。

【换算单位公差】选项组：指定换算单位公差精度等。

8.2.4　修改尺寸标注样式

在【标注样式管理器】对话框中，可以修改标注尺寸样式。操作步骤如下。

在【标注样式管理器】对话框中，单击【修改（M）】按钮，弹出如图 8-16 所示的【修改标注样式】对话框。在此对话框中设置好各个选项后，单击 确定 按钮，即可完成对标注样式的修改。

图 8-16　修改标注样式

a. 线。尺寸线的颜色和线宽可以设为随层，也可以改变设置。

超出标记：尺寸界线超出尺寸线的长度。

基线间距：当使用基线标注时，上下尺寸线之间的距离。一般基线间距要大于尺寸标注的字高。

超出尺寸线：尺寸界线超出尺寸线的长度。

b. 符号和箭头。箭头的选项和大小可以改变。

c. 文字。文字样式：选用在文字样式中设置好的文字样式。

文字颜色：用于设置文字的颜色，可以随层也可以改变。

文字高度：选用标注文字的高度。

【文字位置】-【垂直】：可选用置中 / 上方 / 外部 /JIS。一般选用【上方】。

【文字位置】-【水平】：可选用置中 / 第一条尺寸界线 / 第二条尺寸界线 / 第一条尺寸界线上方 / 第二条尺寸界线上方。一般选用【置中】。

从尺寸线偏移：设置标注文字与尺寸线之间的距离。

【文字对齐】-【水平】：文字始终为水平位置。

【文字对齐】-【与尺寸线对齐】：文字的位置始终与尺寸线平行。

【文字对齐】-【ISO 标准】：尺寸线倾斜时，文字保持水平位置。

d. 调整。标注时手动放置文字：标注的文字位置由鼠标确定。

始终在尺寸界线之间绘制尺寸线：标注的文字位置自动在尺寸界线之间居中。

其他参数可以默认。

e. 主单位。单位格式：选用小数。

精度：根据需要选取标注数字的小数点位数。

小数分隔符：选用“.”句点。

前缀、后缀根据需要输入。

【测量单位比例】-【比例因子】：设置测量单位的倍数。

其他参数可以默认。

f. 公差。需要时根据要求选取。

设置完毕后【确定】并【置为当前】，【关闭】，即完成标注样式修改。

8.2.5　重命名和删除尺寸标注样式

尺寸标注样式的重命名和删除的操作步骤如下。

在【标注样式管理器】对话框的样式列表中，选中要重命名或删除的尺寸样式名称，单击鼠标右键，弹出如图 8-17 所示的快捷菜单，在此快捷菜单中，可将选中标注样式置为当前、重命名或删除。

注意：不能删除当前标注样式、图形中正使用的标注样式以及有相关联的子样式的标注样式。

```
置为当前
重命名
删除
```

图 8-17　重命名或删除快捷菜单

8.3　新建尺寸标注

8.3.1　快速标注

（1）命令启动　命令行：输入“QDIM”，按【回车】键或【空格】键。

工具栏：标注栏█图标。

菜单命令：【标注】-【快速标注】。

（2）命令功能　将长度、圆弧、角度、半径、直径、坐标等常用标注综合为一个快速标注命令。

（3）命令执行　启动命令后，系统提示如下。

指定尺寸线位置或［连续 (C)/ 并列 (S)/ 基线 (B)/ 坐标 (O)/ 半径 (R)/ 直径 (D)/ 基准点 (P)/ 编辑 (E)]：指定一点作为尺寸线位置或输入选项。

说明如下。

连续 (C)：进行连续标注。

并列 (S)：进行并列 (交错) 标注。

基线 (B)：进行基线标注。

坐标 (O)：进行坐标标注。

半径 (R)：进行半径标注。

直径 (D)：进行直径标注。

基准点 (P)：为基线和坐标标注设置新的基准点。

编辑 (E)：编辑一系列标注，指定要删除的标注点、输入 A 添加或按【回车】键返回上一个提示。

8.3.2　线性标注

（1）命令启动　命令行：输入"DIMLINEAR"或"DLI"，按【回车】键或【空格】键。

工具栏：标注栏█图标。

菜单命令：【标注】-【线性】。

（2）命令功能　创建水平、垂直或旋转的尺寸标注。

（3）命令执行　启动命令后，系统提示如下。

指定第一条尺寸界线原点或 <选择对象>：指定点 (1)。

指定第二条尺寸界线原点：指定点 (2)。

指定尺寸线位置或［多行文字 (M)/ 文字 (T)/ 角度 (A)/ 水平 (H)/ 垂直 (V)/ 旋转 (R)]：指定一点作为尺寸线的位置并确定绘制尺寸界线的方向，或输入选项。

说明如下。

多行文字 (M)：可在打开的【多行文字编辑器】中编辑标注文字，应删除尖括号，输入新值，【回车】键确认。

文字 (T)：修改标注文字，按【回车】键输入。

角度 (A)：修改标注文字的角度。

水平 (H)：创建水平线性标注。

垂直 (V)：创建垂直线性标注。

旋转 (R)：创建旋转线性标注。

指定尺寸线的角度 <当前值>：指定角度或按【回车】键。

8.3.3　对齐标注

（1）命令启动　命令行：输入"DIMALIGNED"，按【回车】键或【空格】键。

工具栏：标注栏 图标。

菜单命令：【标注】-【对齐】。

（2）命令功能　创建对齐线性标注。

（3）命令执行　启动命令后，系统提示如下。

指定第一条尺寸界线原点或 ＜选择对象＞：指定点以使用手动尺寸界线，或按【回车】键以使用自动尺寸界线。

指定第二条尺寸界线原点：指定点。

指定尺寸线位置或 [多行文字 (M)/ 文字 (T)/ 角度 (A)]：指定一点作为尺寸线位置或输入选项。

说明如下。

多行文字 (M)：可在打开的【多行文字编辑器】中编辑标注文字，应删除尖括号，输入新值，【回车】键确认。

文字 (T)：输入标注文字或按【回车】键接受生成的测量值。

角度 (A)：可修改标注文字的角度。

注意：① 在对齐标注中，尺寸线平行于尺寸界线原点连成的直线。

② 若选择直线或圆弧，其端点将用作尺寸界线的原点；若选择一个圆，其直径端点将作为尺寸界线的原点。

8.3.4　弧长标注

（1）命令启动　命令行：输入"DIMARC"，按【回车】键或【空格】键。

工具栏：标注栏 图标。

菜单命令：【标注】-【弧长】。

（2）命令功能　创建圆弧或多弧长标注。

（3）命令执行　启动命令后，系统提示如下。

选择弧线段或多段线弧线段：选择要标注的对象。

指定弧长标注位置或 [多行文字 (M)/ 文字 (T)/ 角度 (A)/ 部分 (P)/ 引线 (L)]：指定一点作为尺寸线位置或输入选项。

说明如下。

多行文字 (M)：可在打开的【多行文字编辑器】中编辑标注文字，应删除尖括号，输入新值，按【回车】键确认。

文字 (T)：输入标注文字或按【回车】键接受生成的测量值。

角度 (A)：可修改标注文字的角度。

8.3.5　坐标标注

（1）命令启动　命令行：输入"DIMORDINATE"，按【回车】键或【空格】键。

工具栏：标注栏 图标。

菜单命令:【标注】-【坐标】。

(2)命令功能   创建坐标标注。

(3)命令执行   启动命令后,系统提示如下。

指定点坐标:选定待标注坐标的一点。

指定引线端点或[X 基准 (X)/Y 基准 (Y)/ 多行文字 (M)/ 文字 (T)/ 角度 (A)]:根据需要的坐标选择合适的引线方向,单击鼠标完成操作,从标注点向垂直方向引线可以标注横坐标,向水平方向引线则可以标注纵坐标。

说明如下。

X 基准 (X):测量 X 坐标并确定引线和标注文字的方向,这时即使向水平方向引线,也会标注 X 坐标。

Y 基准 (Y):测量 Y 坐标并确定引线和标注文字的方向,这时即使向垂直方向引线,也会标注 Y 坐标。

多行文字 (M):可在打开的【多行文字编辑器】中编辑标注文字,应删除尖括号,输入新值,按【回车】键确认。

文字 (T):输入标注文字或按【回车】键接受生成的测量值。

角度 (A):可修改标注文字的角度。

8.3.6   半径标注

(1)命令启动   命令行:输入"DIMALIGNED",按【回车】键或【空格】键。

工具栏:标注栏 ⬤ 图标。

菜单命令:【标注】-【半径】。

(2)命令功能   创建圆和圆弧半径标注。

(3)命令执行   启动命令后,系统提示如下。

选择圆弧或圆:选定待标注的圆弧或圆。

指定尺寸线位置或[多行文字 (M)/ 文字 (T)/ 角度 (A)]:指定一点作为尺寸线的位置并确定绘制尺寸界线的方向,或输入选项。

说明如下。

多行文字 (M):可在打开的【多行文字编辑器】中编辑标注文字,应删除尖括号,输入新值,按【回车】键确认。

文字 (T):修改标注文字,按【回车】输入新值。

角度 (A):可修改标注文字的角度。

8.3.7   直径标注

(1)命令启动   命令行:输入"DIMDIAMETER",按【回车】键或【空格】键。

工具栏:标注栏 ⬤ 图标。

菜单命令:【标注】-【直径】。

(2)命令功能   创建圆和圆弧直径标注。

(3)命令执行   启动命令后,系统提示如下。

选择圆弧或圆：选定待标注的圆弧或圆。

指定尺寸线位置或［多行文字 (M)/ 文字 (T)/ 角度 (A)］：指定圆上的任何一点，移动鼠标可选择尺寸线的位置，并确定尺寸界线的方向。

说明如下。

多行文字 (M)：在打开的【多行文字编辑器】中编辑标注文字，应删除尖括号，输入新值，按【回车】键确认。

文字 (T)：可修改标注文字，按【回车】输入。

角度 (A)：可修改标注文字的角度。

8.3.8　折弯标注

（1）命令启动　命令行：输入"DIMJOGGED"，按【回车】键或【空格】键。

工具栏：标注栏 图标。

菜单命令：【标注】-【折弯】。

（2）命令功能　创建圆和圆弧折弯标注。

（3）命令执行　启动命令后，系统提示如下。

选择圆弧或圆：选定待标注的圆弧或圆。

指定中心位置替代：指定一点。

指定尺寸线位置或［多行文字 (M)/ 文字 (T)/ 角度 (A)］：指定一点作为尺寸线的位置并确定绘制尺寸界线的方向，或输入选项。

指定折弯位置：指定一点。

说明如下。

多行文字 (M)：在打开的【多行文字编辑器】中编辑标注文字，应删除尖括号，输入新值，按【回车】键确认。

文字 (T)：可修改标注文字，按【回车】输入。

角度 (A)：可修改标注文字的角度。

二维码8-3　角度标注、基线标注、连续标注、引线标注

8.3.9　角度标注

（1）命令启动　命令行：输入"DIMANGULAR"，按【回车】键或【空格】键。

工具栏：标注栏 图标。

菜单命令：【标注】-【角度】。

（2）命令功能　创建两条不平行的线间夹角或圆弧角度标注。

（3）命令执行　启动命令后，系统提示如下。

选择圆弧、圆、直线或 <指定顶点>：选定一个圆弧、圆的其中一点或夹角的二条直线。

指定标注弧线位置或［多行文字 (M)/ 文字 (T)/ 角度 (A)］：指定一点作为尺寸线的位置并确定绘制尺寸界线的方向，或输入选项。

说明如下。

多行文字 (M)：可在打开的【多行文字编辑器】中编辑标注文字，应删除尖括号，输入新值，按【回车】键确认。

文字 (T)：修改标注文字，按【回车】键输入新值。

角度 (A)：可修改标注文字的角度。

8.3.10　基线标注

（1）命令启动　命令行：输入"DIMBASELINE"，按【回车】键或【空格】键。

工具栏：标注栏 图标。

菜单命令：【标注】-【基线】。

（2）命令功能　先进行线性标注，以线性标注的左尺寸界线为基准线，标注直线、角度或坐标。

（3）命令执行　启动命令后，系统提示如下。

指定点坐标或［放弃 (U)/ 选择 (S)］＜选择＞：最后按右键结束。

说明如下。

放弃 (U)：放弃第二条尺寸界线原点的选择。

选择 (S)：确定第二条尺寸界线原点的选择，并退出操作。

8.3.11　连续标注

（1）命令启动　命令行：输入"DINCONTINUE"，按【回车】键或【空格】键。

工具栏：标注栏 图标。

菜单命令：【标注】-【连续】。

（2）命令功能　先进行线性标注，以线性标注的右尺寸界线为基准线，连续标注直线、角度或坐标。

（3）命令执行　启动命令后，系统提示如下。

选择连续标注：选定基线。

指定第二条尺寸界线原点或［放弃（U）/ 选择（S）］＜选择＞：最后按右键结束。

说明如下。

放弃 (U)：放弃第二条尺寸界线原点的选择。

选择 (S)：确定第二条尺寸界线原点的选择，并退出操作。

注意：基线标注以及连续标注必须在有基准的情况下方可进行，即基线标注或连续标注是在有线性标注或对齐标注前提下进行的。

8.3.12　引线标注

（1）命令启动　命令行：输入"QLEADER"，按【回车】键或【空格】键。

工具栏：标注栏 图标。

菜单命令：【标注】-【引线】。

（2）命令功能　创建引线文字注释。

（3）命令执行　启动命令后，系统提示如下。

指定第一个引线点或［设置（S）］＜设置＞：可指定一个引线点。如选择了【设置】选项，则弹出如图 8-18 所示的【引线设置】对话框。

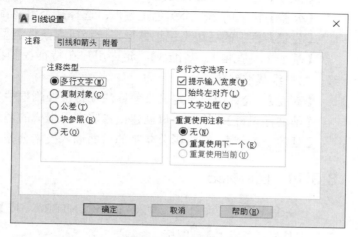

图 8-18　引线设置

在此对话框中包含了以下三个选项。

①【注释】选项卡：用于设置注释的类型、多行文字的样式，控制是否重复使用注释。

②【引线和箭头】选项卡：用于设置引线和箭头的样式。

③【附着】选项卡：设置引线和多行文字注释的位置。

指定下一点：这一点是引线与注释文字下划线的交点。

指向下一点：＜正交 开＞这一点确定注释文字下划线的长度。

指定文字宽度＜0＞：50。

输入注释文字的第一行 ＜多行文字 (M)＞：表面涂漆。

输入注释文字的下一行：按【回车】键，结束。

二维码8-4　公差标注、圆心标注、编辑标注、编辑标注文字、标注更新

8.3.13　公差标注

（1）命令启动　命令行：输入"TOLERANCE"，按【回车】键或【空格】键。

工具栏：标注栏 图标。

菜单命令：【标注】-【公差】。

（2）命令功能　创建形位公差。

（3）命令执行　启动命令后，弹出如图 8-19 所示的【形位公差】对话框。

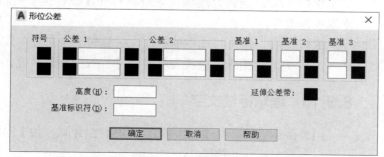

图 8-19　形位公差

在此对话框中，可以指定特征控制框的符号和值。

【符号】栏下的黑色正方形：在对话框中选择要标注的公差类型。

【公差】栏下的第一个黑色正方形：选择是否出现直径符号。

【公差】栏下的后边黑色正方形，选择包容条件类型。

【基准 1、基准 2、基准 3】：允许用户在特征控制框中创建第一级、第二级、第三级基准参照。

【高度】：允许用户自定义公差标注在特征控制框中创建投影公差带的值。

【基准标识符】：输入字母创建由参照字母组成的基准标识符号。

【延伸公差带】：在投影公差带的后面插入投影公差带符号。

8.3.14 圆心标记

（1）命令启动 命令行：输入"DIMCENTER"，按【回车】键或【空格】键。

工具栏：标注栏 图标。

菜单命令：【标注】-【圆心】。

（2）命令功能 创建圆和圆弧的圆心标记或中心标记。

（3）命令执行 启动命令后，系统提示如下。

选择圆弧或圆：选择要标注圆心标记的圆弧或圆。

圆心标记符号的样式在【格式】-【点样式】中设置。

8.3.15 编辑标注

（1）命令启动 命令行：输入"DIMEDIT"，按【回车】键或【空格】键。

工具栏：标注栏 图标。

菜单命令：【标注】-【倾斜】。

（2）命令功能 使线性标注的尺寸界线倾斜。

（3）命令执行 启动命令后，系统提示如下。

输入标注编辑类型［默认 (H)/ 新建 (N)/ 旋转 (R)/ 倾斜 (O)］＜默认＞：

说明如下。

默认（H）：用于将选中的标注文字移回由标注样式指定的默认位置和旋转角。

新建（N）：选择此选项，系统将打开【在位文字编辑器】。此时，可在文本框中修改标注文字。

旋转（R）：用于将选中的标注文字旋转一个角度。

倾斜（O）：用于调整线性标注尺寸界线的倾斜角度。

8.3.16 编辑标注文字

（1）命令启动 命令行：输入"DIMTEDIT"，按【回车】键或【空格】键。

工具栏：标注栏 图标。

菜单命令：【标注】-【对齐文字】。

（2）命令功能　编辑标注文字的位置。

（3）命令执行　启动命令后，系统提示如下。

选择标注：选定要编辑的标注对象。

指定标注文字的新位置或［左 (L)/ 右 (R)/ 中心 (C)/ 默认 (H)/ 角度 (A)］：此时，可直接移动光标，将标注文字放在新的位置，或输入选项。

说明如下。

左（L）：沿尺寸线左对正标注文字。此选项只适用于线性、直径和半径标注。

右（R）：沿尺寸线右对正标注文字。此选项只适用于线性、直径和半径标注。

中心（C）：将标注文字放在尺寸线的中间。

默认（H）：将标注文字移回默认位置。

角度（A）：将标注文字旋转一个角度。

8.3.17　标注更新

（1）命令启动　命令行：输入"DIMSTYLE"，按【回车】键或【空格】键。

工具栏：标注栏 图标。

菜单命令：【标注】-【更新】。

（2）命令功能　用当前标注样式更新标注对象。

（3）命令执行　启动命令后，系统提示如下。

输入标注样式选项［保存 (S)/ 恢复 (R)/ 状态 (ST)/ 变量 (V)/ 应用 (A)/?］＜恢复＞：选择相应的选项。

说明如下。

保存（S）：将当前尺寸系统变量作为一种尺寸标注样式保存。

恢复（R）：将尺寸标注系统变量恢复为选定标注样式的设置。

状态（ST）：显示所有标注系统变量的当前值。

变量（V）：列出某个标注样式或选定标注系统变量设置，但不修改当前设置。

应用（A）：将当前尺寸系统变量设置应用到选定标注对象，永久替代用于这些对象的任何现有标注样式。

二维码8-5　第8章
在线习题

9 环境工程专业绘图实训

怒发冲冠，凭栏处、潇潇雨歇。抬望眼，仰天长啸，壮怀激烈。三十功名尘与土，八千里路云和月。莫等闲，白了少年头，空悲切！

——《满江红》

二维码9-1　污水处理厂平面图图集

9.1　污水处理厂平面图

9.1.1　污水厂厂址选择

在进行污水处理厂的总体设计时，对厂址的具体选择，必须进行深入的调查研究和相近的技术经济比较，使其符合城市的发展，在保护环境的同时，将污水厂对环境的影响减小到最小。厂址的选择一般遵循以下原则。

① 厂址与规划居住区或公共建筑群的卫生防护距离根据当地具体情况确定，并与环保部门、规划部门协商确定。根据污水处理厂自身环保设施的情况及环境影响评价确定污水厂的防护距离。

② 厂址应在城镇集中供水水源的下游，距离水源地的距离应确保水源保护区的距离。

③ 厂址应尽可能地设在城镇和工厂夏季主导风向的下方。若受当地地形、规划等的限制，厂址在夏季主导风向上方时，应采取必要的环保措施。

④ 厂址应设在地形有适当坡度的城镇下游地区，使污水有自流的可能，以节约动力消耗。

⑤ 厂址应有良好的工程地质条件，不受地质灾害影响。

⑥ 厂址的选择应结合城镇总体规划，考虑远景发展，留有充分的扩建余地。

⑦ 厂址应考虑不受洪涝灾害影响，防洪标准不低于城镇防洪标准，有良好的排放条件。

⑧ 厂址应考虑处理后尾水安全排放及回用的可能，降低回用管道的长度及提升高度。

⑨ 厂址应考虑少拆迁，少占地，少占农田或不占农田，节约土地资源。

⑩ 厂址的选择应考虑交通运输、水电供应等条件。

9.1.2　平面布置

污水处理厂的平面布置包括：处理构筑物、办公化验及其他辅助建筑物，以及各种管道、道路、绿化等的布置。根据污水厂规模的大小，采用（1：200）～（1：500）比例尺的地形图绘制总平面图。管道图可单独绘制。一般根据规划部门提供的用地交点坐标确定污水厂用地形状，在确定的厂区进行总图布置。

污水厂平面布置的一般原则如下。

① 与城市总体规划相衔接，与周围景观相协调。厂区出入口与厂外道路顺畅连接。

② 厂区功能分区明确，构筑物布置紧凑，力求最经济合理地利用土地，减少占地面积。

③ 力求工艺流程简短、顺畅，避免管线迂回重复。

④ 厂区内的生产管理建筑物和生活设施宜布置在主导风向的上风向。

⑤ 生产建筑物应根据进水方向、出水位置、工艺流程特点及厂址地形、地质条件等因素进行布置。

⑥ 污泥处理区作为一个相对独立的区域，便于管理和污泥的运输，以及臭气的收集和处理。

⑦ 营造优美舒适的工作环境，尽量加大厂区绿化面积。

⑧ 交通顺畅，便于施工与管理。

⑨ 厂区总图布置既要考虑流程合理、管理方便、经济实用，还要考虑建筑造型、厂区绿化等因素。

9.1.3　污水厂平面图

污水厂平面图一般须反映的内容有：厂区用地红线、建筑红线，厂区周围道路、厂区内部道路及其定位；建（构）筑物的定位、各种管线及其定位、绿化；总图技术指标。绘制总图时，可分图分项制图，管道布置图可单独以一种管线绘制，也可将多种管线绘制在一幅图中，根据管线的数量及是否标示清楚确定，图纸要求以准确、清楚、易懂为原则。

9.1.4　污水处理厂绘图实训

9.1.4.1　建立图层

一般污水处理厂总图的各要素可绘制在一张图中，然后控制图层来按需反映建筑物、道路、管道等。所以在绘制之前应先建立主要的图层。图层一般包含建（构）筑物层、道路层、工艺管道、污泥管道、空气管道、给水管道、污水管道、雨水管道、绿化、竖向等层。建立图层的方法如下。

点击功能区内【图层特性】，如图 9-1 所示。

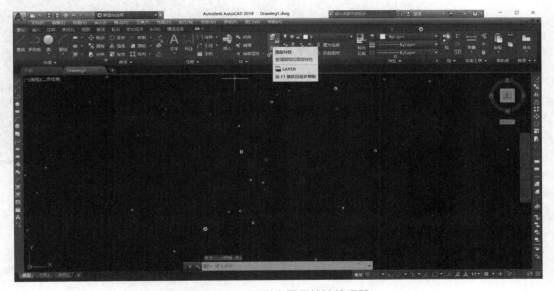

图 9-1　工具栏内图层特性管理器

在出现的【图层特性管理器】对话框内点击"新建"命令，如图 9-2 所示。

对新建图层进行命名，如图 9-3 所示。

9.1.4.2　单体外形轮廓

污水处理厂总图一般表现厂区内各单体子项的相对位置及相互关系，对单体不做详细的表现。应先确定单体的尺寸，画出单体的主要轮廓图。如污水厂内生物池为矩形或其他形状，二沉池及初沉池一般为圆形。主要处理构筑物按照其外形绘制出其轮廓，如图 9-4～图 9-8 所示。

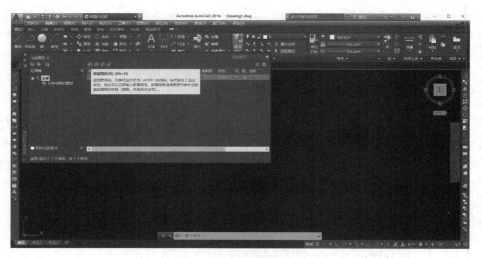

图 9-2　新建图层按钮

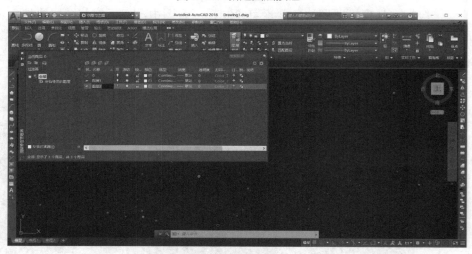

图 9-3　图层命名

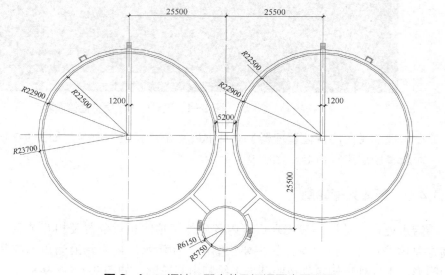

图 9-4　二沉池、配水井及污泥泵房平面图

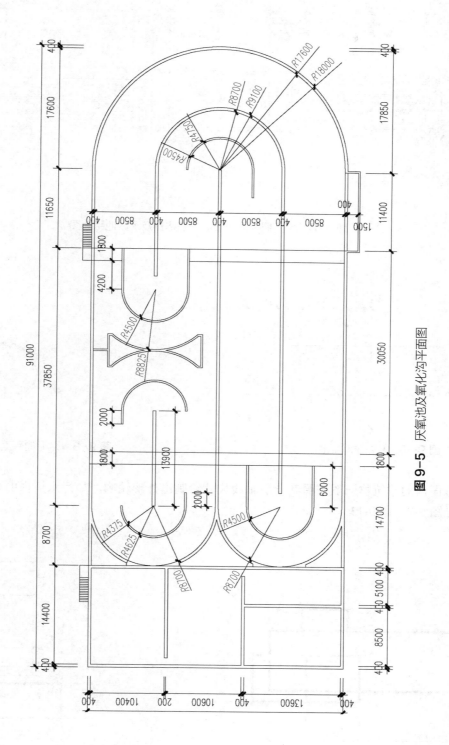

图 9-5　厌氧池及氧化沟平面图

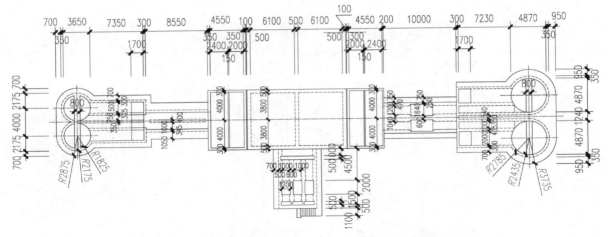

图 9-6 粗格栅及提升泵房、细格栅及沉砂池平面图

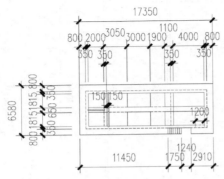

图 9-7 紫外线消毒池平面图

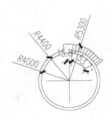

图 9-8 贮泥池平面图

污水厂总图内的建筑物一般按照其一层轴线尺寸绘制出外形轮廓，如污水厂内的办公楼、变配电室、机修间等，见图 9-9～图 9-13。

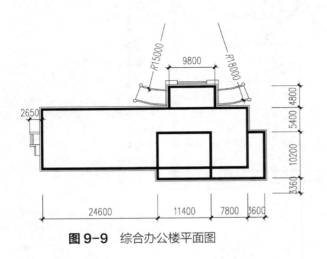

图 9-9 综合办公楼平面图

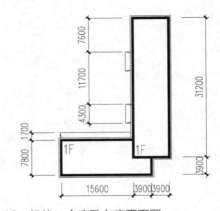

图 9-10 机修、仓库及车库平面图

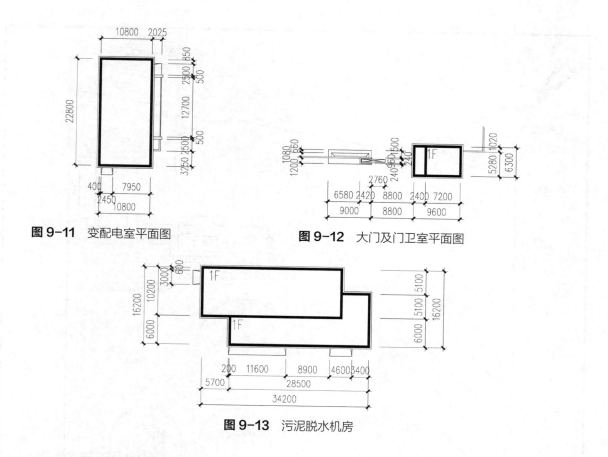

图 9-11　变配电室平面图

图 9-12　大门及门卫室平面图

图 9-13　污泥脱水机房

9.1.4.3　各构（建）筑物的间距

污水厂内各构筑物的间距根据工艺布置要求、构筑物之间管道种类和数量、防火间距、设备安装间距来确定。一般由工艺专业人员根据工艺处理流程的顺序布置出大致的构（建）筑物的位置，然后由总图（或建筑）专业人员调整并确定各构（建）筑物的位置，使其符合相应的建筑规范及防火要求。

9.1.4.4　厂区道路

污水厂内道路应根据交通组织、消防要求、工艺布置、设备安装需求等布置，厂区道路宽度一般为4m、6m、7m等。根据相应的建筑规范确定道路的宽度及转弯半径。一般情况下转弯半径为6m、9m、12m等。

9.1.4.5　标注

总图标注主要有构（建）筑物的坐标标注、构（建）筑物之间距离标注、道路宽度及转弯半径标注，以明确构（建）筑物在总图中的定位和相互之间的距离。厂区的总平面布置图一般由总图专业（或建筑专业）人员完成，见图9-14。

9.1.4.6　绘制构筑物一览表及统计总图技术指标

总图中的构筑物需编号，每个编号对应一个构（建）筑物名称。对这些编号和对应的名称列表标示，见图9-14。

二维码9-2　图9-14
污水厂平面图操作实例

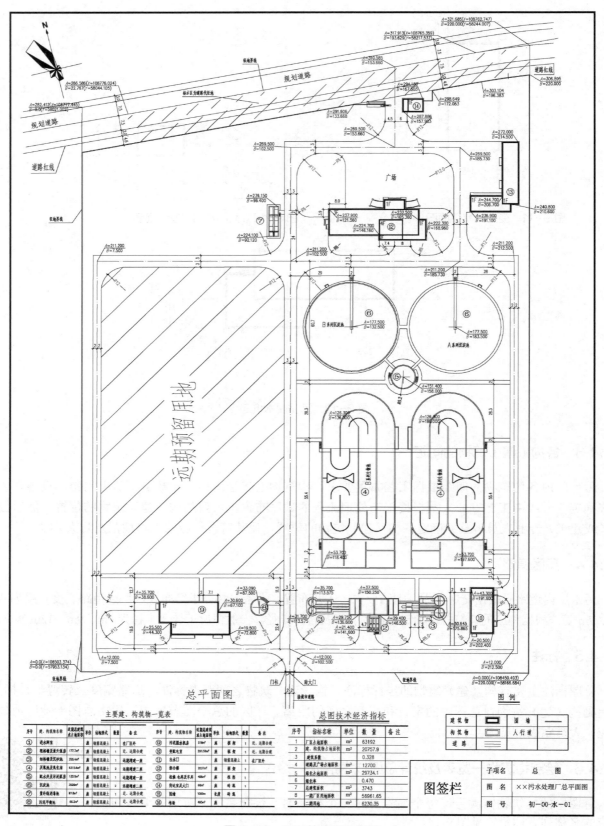

图 9-14　厂区总平面布置图

总图中应统计总图的技术指标，主要有总占地面积、建（构）筑物占地面积、建筑系数、绿化占地面积等。根据工程实际情况来列表统计。

9.1.5　污水处理厂工艺总平面图

污水处理厂内室外管线主要有工艺管道、污泥管道、空气管道、超越管道、给水管道、污水管道、雨水管道、绿化管道、加药管线、加氯管线、电缆沟及电缆管线（电力电信），有些污水厂还包含燃气管线（工艺用燃气和生活用燃气）、热力管道（厂区建筑物采暖）。各种管线对采用 CAD 绘图的要求基本是一致的，本节主要介绍绘制工艺管线总图。

工艺管线需在建筑总图（即上节图）的基础上绘制。与工艺管线主要相关或者与工艺处理有关系的管线宜绘制在一张图中，以便明示处理流程、控制要求等。为了清晰标示，在图 9-14 的基础上删除构（建）筑物的定位坐标及尺寸标注，只留厂区整体定位坐标、围墙、场内各构（建）筑物轮廓、道路。

9.1.5.1　建立图层

按上节新建图层：工艺管道（颜色自定、连续线型、线宽默认）、剩余污泥管道、回流污泥管道。

9.1.5.2　在工艺管道层绘制工艺管道

用多段线（快捷命令"PL"）。在命令行内输入"pl"后回车，然后按提示 `PLINE 指定起点:` 点击直线起点，选择提升泵房的进口端的中心点为起点，如图 9-15 所示。

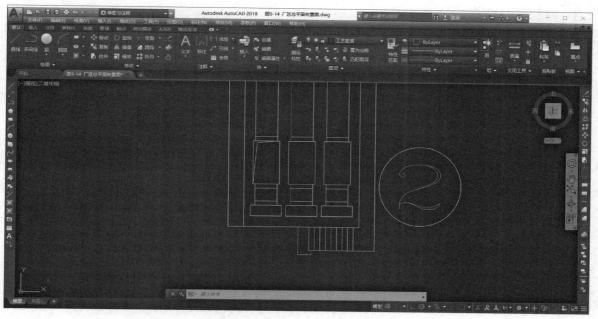

图 9-15　绘制厂区工艺管道（一）

然后按照命令提示输入"W"并回车：指定下一个点或 [圆弧(A)/半宽(H)/长度(L)/放弃(U)/宽度(W)]: w。指定起点线宽，输入"300"后回车：指定起点宽度 <300.0000>: 300。指定下一点的宽度，指定端点宽度 <300.0000>:，采用默认值直接回车。在正交状态下，从绘图区给出下一点的位置，如图 9-16 所示。

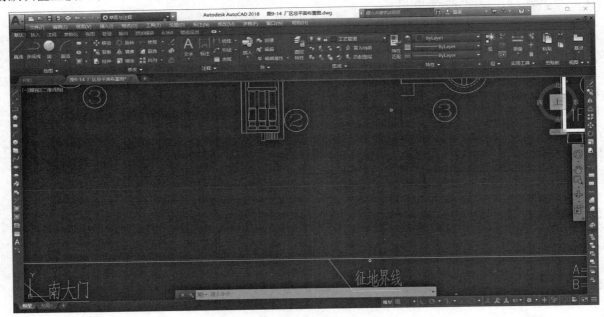

图 9-16 绘制厂区工艺管道（二）

采用多义线命令画出细格栅 - 氧化沟 - 终沉池 - 紫外线消毒池 - 出厂的工艺管线。完成后如图 9-17 所示。

9.1.5.3 绘制污泥管道

在剩余污泥管道层用多义线绘制污泥泵房 - 污泥平衡池 - 污泥脱水机房的剩余污泥管道。

在回流污泥管道层用多义线绘制终沉池 - 污泥泵房 - 氧化沟回流污泥管道。绘制完成后如图 9-18 所示。

9.1.5.4 标示管线类别及水流方向

可采用多行文字 A 或单行文字 A，或从绘图菜单栏内点击多行文字或单行文字。工艺管道标识采用"GY"，剩余污泥管道标识采用"SY"，回流污泥管道标识采用"HL"。点击单行文字工具 A，按照命令提示确定文字起点、文字字高（按图纸比例确定字高为 1500）、文字转角（0°或 90°），然后输入文字"GY"（或"SY""HL"），按左键确定。根据图面及管道长度，文字标识每隔一段距离标注一个。

可采用【复制】命令复制文字。复制命令的操作见第 6 章。

将文字下的管线采用【打断】命令打断。打断命令的操作见第 6 章。

管线交叉处，将一种管线打断。

管线绘制完成后，采用单行文字命令，标识管线管径。

管径标识完成后，绘制水流方向标识。水流方向采用多义线绘制：输入"pl"，按命令提示随意给出起始点位置，按命令提示输入宽度命令"W"后回车，输入起始点宽度"0"，输入下一点宽度"0"后回车，然后在命令提示后输入"3000"（长度）后回车；再按命令提示输入宽度控制命令"W"后回车，输入起点宽度"600"后回车，输入下一点宽度"0"，然后直接输入长度"1500"后回车（注：所有绘制均在正交状态下）。绘出的箭头标识为———►。

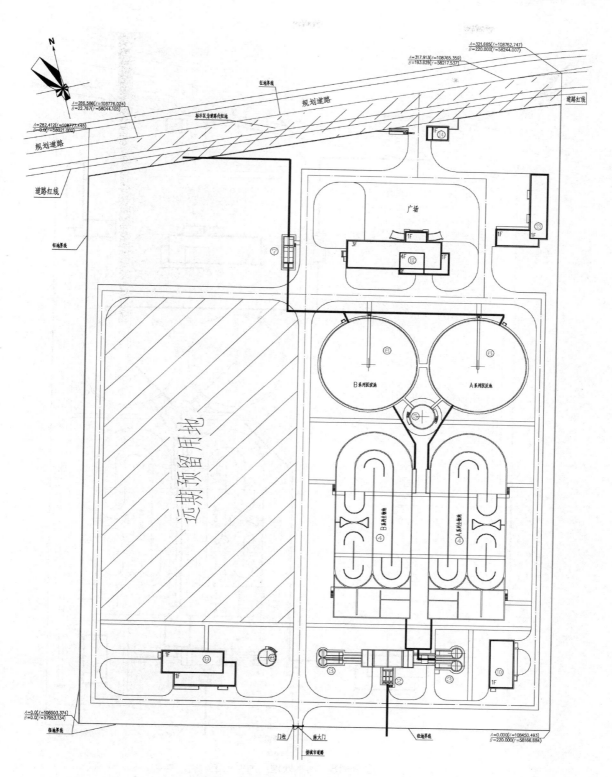

图9-17　绘制厂区工艺管道（三）

　　按水流方向将此箭头用复制命令放在管线附近。用旋转命令将箭头旋转至与管线平行。复制、旋转命令的操作见第6章。上述操作完成后污水处理厂工艺、污泥管道如图9-19所示。

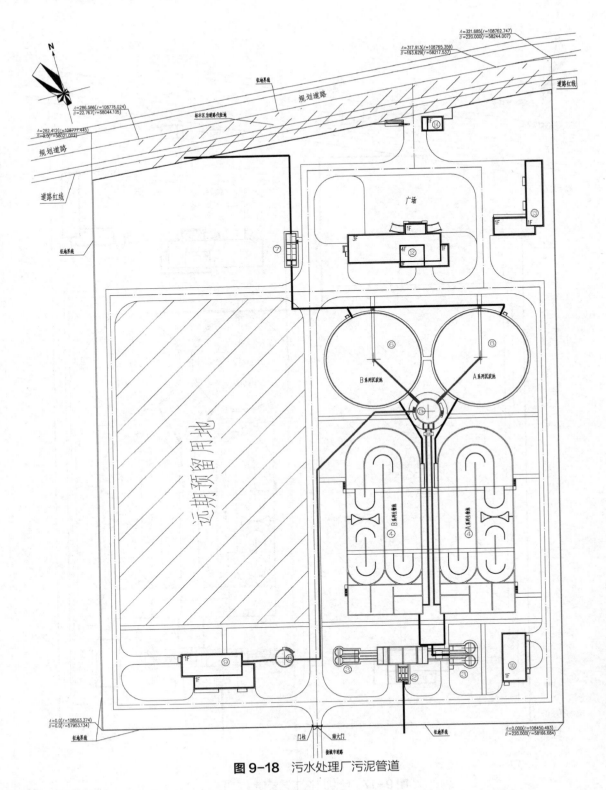

图 9-18 污水处理厂污泥管道

9.1.5.5　绘制图例

　　管线图中包含三种管线：工艺管线、剩余污泥管线、回流污泥管线。用直线、多义线、单行文字等命令绘制图例表。

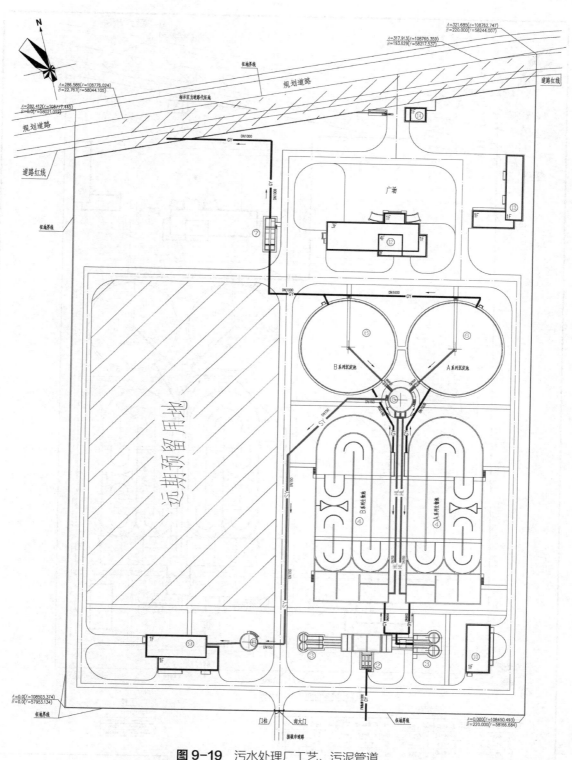

图 9-19　污水处理厂工艺、污泥管道

　　上述绘图完成后，污水厂的一张管线图基本就绘制完成，将构筑物一览表、图例等与管线图一起作为一张完成后的管线图纸。从这张图中可以看出管线的走向、管径、水流方向、处理构筑物的衔接情况，如图 9-20 所示。

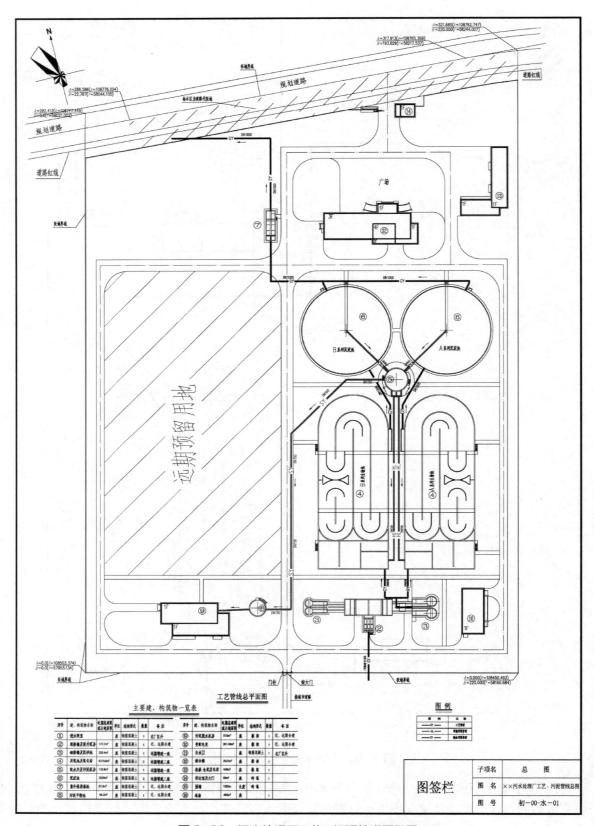

图 9-20 污水处理厂工艺、污泥管道平面图

9.2　水处理工艺流程图

　　污水厂工艺流程图主要反映各处理构（建）筑物之间的工艺衔接关系、水头损失及相对的液面关系，对图中的单体及管道尺寸无确切的要求。但各单体的示意必须能够准确表达所采用的处理工艺、设备形式等。工艺流程图中主要标注 3 种标高：每个处理构筑物中的液面标高、构筑物顶标高和底标高（或建筑物的室内地坪标高）。主要标示的管道有：工艺管道、污泥管道、空气管道、放空管道、超越管道、污水管道、给水管道等，见图 9-21。

　　工艺流程图实训如下。

　　（1）建立图层　工艺流程图中，一般建立的图层有构（建）筑物层、各管道层、设备层、液面层、标注层。建立图层方法参考 9.1 节。

　　（2）绘制单体示意图　根据单体的工艺形式绘制简易的构筑物单体示意图（不作比例要求），以图面标示清楚为原则。

　　（3）绘制流程图　根据工艺处理顺序在图纸中布置各单体示意图。布置完成后，绘制各构筑物之间的连接工艺管道、污泥管道等。用各种管道将相互之间有关系的构筑物连接。然后在各构筑物内标示液面，并标注液面标高、池顶标高、池底标高及各种管道管径。

9.3　水处理构筑物

　　城市污水处理厂中处理构筑物较多，主要有提升泵站、格栅池、生物反应池、终沉池、消毒池。随着处理标准的提高及污水来源的增多，目前污水处理厂有可能增加前端厌氧消化段和深度处理段。但对于绘图来说，所采用的命令都基本相同。本节中重点介绍中型污水处理厂中核心构筑物的绘图方式（以生物处理构筑物为例）。

　　污水处理厂中一般体量最大的处理构筑物为生物处理构筑物，此节简单介绍氧化沟的一般组成部分及平面图画图实例。

　　氧化沟一般由选择池、厌氧池及好氧部分的氧化沟组成。其内部主要设备为潜水搅拌机、潜水推进器、表面曝气机（本实例采用倒伞曝气机）。在工艺计算完成并确定各部分容积及水深的情况下，开始绘图。最终图纸如图 9-22 所示。

9.3.1　建立图层

　　对于单体构筑物来说，根据其需要表现的目标，建立所需的图层，若图层不够，可在绘图过程中再增加。一般需建立的图层有：池体（采用连续实线、颜色自定）、设备（采用连续细线、颜色自定）、栏杆（采用连续细线、颜色自定）、标注层（采用连续细线、颜色自定）、管道层（采用连续粗线、颜色自定）。可根据图中管道的种类建立多个管道层。

9.3.2　绘制主体（比例 1∶1）

　　绘图注意事项：氧化沟的渠道宽度为整数，即 500 的倍数，应由氧化沟的总宽度决定厌氧池的宽度。先绘制主要的线条，再绘制细部。

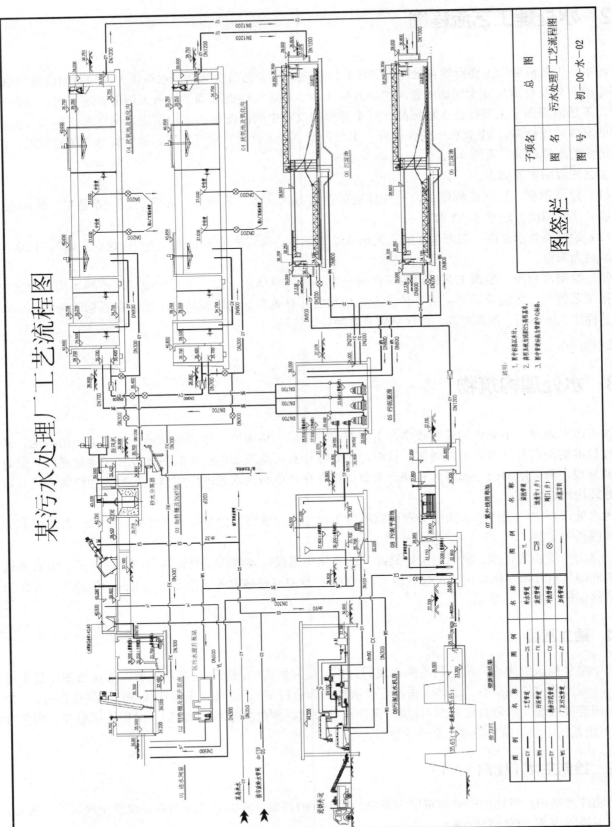

图 9-21　污水处理厂工艺流程图

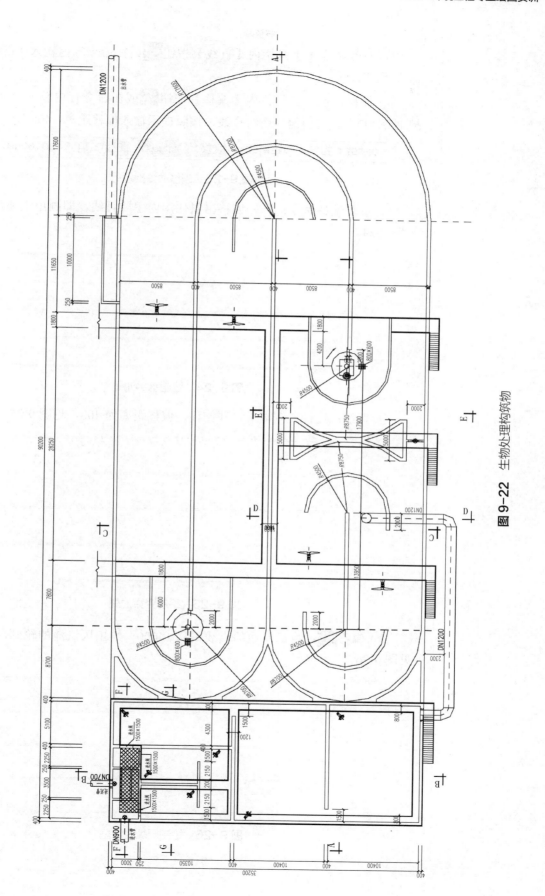

图 9-22 生物处理构筑物

① 直线：点击工具栏内【直线】按钮／或在命令行内输入"line"（快捷命令"L"）。

② 偏移：点击工具栏内【偏移】按钮或在命令行内输入"offset"（快捷命令"O"）。向上偏移所绘直线，按照提示输入偏移距离"400"，见图 9-23。

OFFSET 指定偏移距离或 ［通过(T) 删除(E) 图层(L)］ <400.0000>:   400

图 9-23   偏移命令提示行

③ 重复偏移命令：分别偏移出氧化沟内主要直线，即画出主要水平池壁，见图 9-24。

图 9-24   绘制水平池壁

④ 直线：连接左侧端头，并偏移，偏移距离为 400，见图 9-25。

图 9-25   绘制竖直池壁

⑤ 偏移：将最左边的直线偏移 14000，绘出厌氧池的轮廓，厚度 400，见图 9-26。

图 9-26   绘制厌氧池池壁

⑥ 倒角 ：用倒角命令完成厌氧池侧壁。

点击【倒角】命令，按照命令行提示，输入倒角的距离提示命令"d"，见图 9-27。

图 9-27　倒角命令提示行（一）

输入倒角距离提示命令后，输入第一个倒角距离"0"（零），回车后输入第二个倒角的距离"0"（零），见图 9-28。

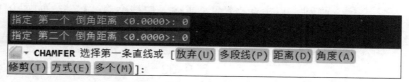

图 9-28　倒角命令提示行（二）

回车后按照命令提示，选择需要倒角的第一条直线和第二条直线：用点选框选择厌氧池的竖直外壁线和水平外壁线。完成后见图 9-29。

图 9-29　倒角绘制池壁（一）

⑦ 倒角：采用【倒角】命令完成其他几条池壁的连接，完成后见图 9-30。

图 9-30　倒角绘制池壁（二）

⑧ 绘制右端圆弧。

确定圆心：偏移图 9-30 中最右端竖线，距离 58200，如图 9-31 所示。以偏移后线的中点为圆心画圆。

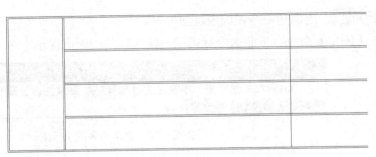

图 9-31   圆心位置辅助线

画圆：点击命令 ⚫ （或输入快捷命令 "C"），如图 9-32 所示。

× 🔧 ⚫▾ CIRCLE 指定圆的圆心或 [三点(3P) 两点(2P) 切点、切点、半径(T)]:

图 9-32   绘圆命令提示行（一）

按命令提示选取圆心，将十字框靠近最右边直线的中部，出现中点磁吸符号 "△"，如图 9-33 所示。

图 9-33   圆心位置

点击鼠标左键选取中点后，按命令提示输入圆直径，如图 9-34 所示。

指定圆的圆心或 [三点(3P)/两点(2P)/切点、切点、半径(T)]:
指定圆的半径或 [直径(D)]: D
⚫▾ CIRCLE 指定圆的直径:

图 9-34   绘圆命令提示行（二）

输入直径时，直接用鼠标选取最外侧水平线的"垂足"。鼠标靠近最外侧水平线时，会出现"垂足"符号 ⌐，然后鼠标左键确定。绘制后如图 9-35 所示。

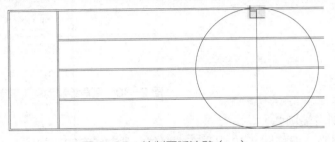

图 9-35   绘制圆弧池壁（一）

向内偏移所绘制圆，偏移距离 400。偏移命令参照前面步骤。绘制后如图 9-36 所示。

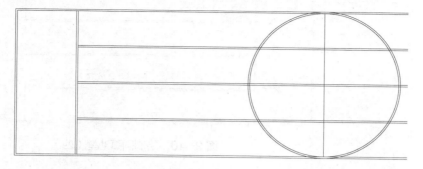

图 9-36 绘制圆弧池壁（二）

⑨ 剪切 （或输入快捷命令"tr"）。将右侧多余的线条及圆剪切掉。点击"剪切"命令，见图 9-37。

图 9-37 剪切命令提示行（一）

按提示选择对象，用拾取框选择最外侧的两条水平线及与其相切的圆，选择完成后回车，见图 9-38。

图 9-38 剪切命令提示行（二）

按照命令提示，用拾取框选择上述三个对象中需要剪切掉的部分。剪切完成后如图 9-39 所示。

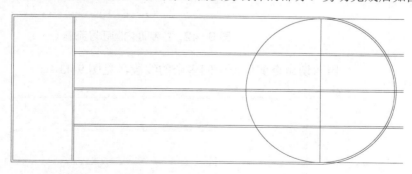

图 9-39 绘制圆弧池壁（三）

重复"剪切"命令，选取最右端竖线后回车，然后选取要剪切的半圆和线，见图 9-40。

⑩ 画右端内侧圆弧：参照上述步骤，选取圆心、点选圆直径，画出圆后，剪切多余圆，见图 9-41。

⑪ 绘制好氧池右端圆弧。

确定圆心位置：偏移最初画的竖直线，偏移距离 8700，见图 9-42。

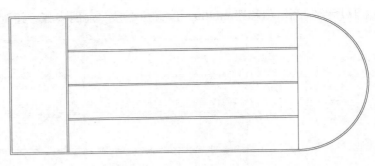

图 9-40　绘制圆弧池壁（四）

图 9-41　绘制圆弧池壁（五）

图 9-42　绘制池内圆弧导流墙（一）

用剪切命令剪切掉中间多余的线段，见图 9-43。

图 9-43　绘制池内圆弧导流墙（二）

分别以上下两条线段的中点为圆心画圆，并偏移圆，见图 9-44。

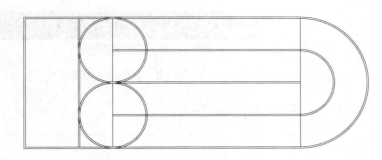

图 9-44　绘制池内圆弧导流墙（三）

用剪切命令剪切掉多余的线及圆，见图 9-45。

图 9-45　绘制池内圆弧导流墙（四）

⑫ 绘制内部圆弧导流墙：用"画圆"命令⬤绘制内部圆弧导流墙，导流墙半径 4500，厚度 400。用【剪切】命令剪切多余的线段，见图 9-46。

图 9-46　绘制池内圆弧导流墙（五）

并用【直线】命令 ✏ 绘制导流墙的直段。点击 ✏，指定直线起点（圆弧的端点为起点），见图 9-47。

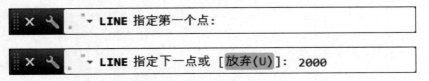

图 9-47　直线命令提示行（一）

右键回车后，输入下一点距离"2000"，再右键回车（在正交状态下，按正交控制键【F8】，或点击状态托盘内的【正交】⌐）。然后输入"400"，【回车】；然后再连接至弧端点。见图 9-48。

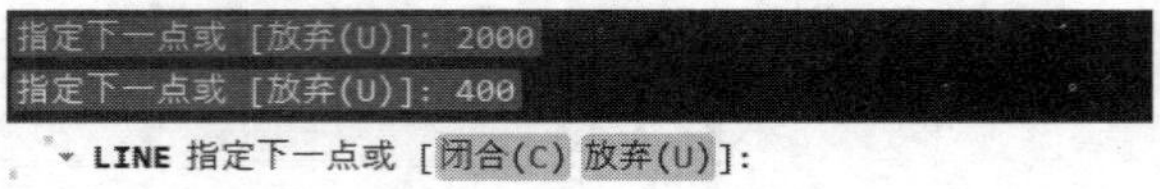

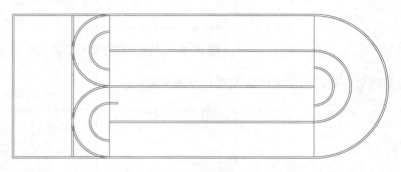

图 9-48   直线命令提示行（二）

绘制完成后，见图 9-49。

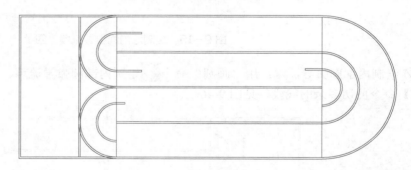

图 9-49   绘制直段导流墙（一）

参照上述步骤，绘制其他导流墙的直段，见图 9-50。

图 9-50   绘制直段导流墙（二）

⑬ 绘制其他导流墙及好氧池与缺氧池之间的中心岛。

参照以上绘制圆、直线、偏移的命令，采用【剪切】等命令剪切多余圆及线，绘制直线导流墙及中心岛，见图 9-51～图 9-53。

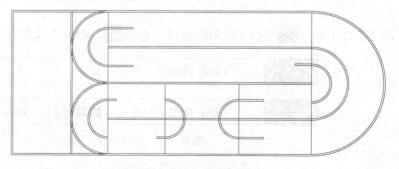

图 9-51   绘制直段导流墙（三）

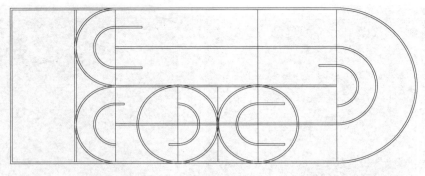

图9-52 绘制中心岛（一）

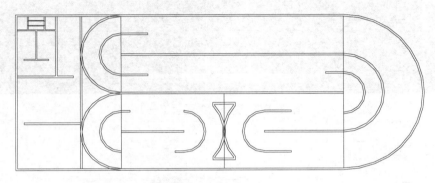

图9-53 绘制中心岛（二）

⑭ 绘制厌氧池内的隔墙：见图 9-54。

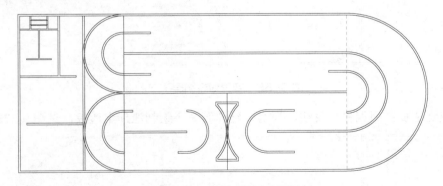

图9-54 绘制厌氧池内隔墙

⑮ 绘制圆弧的轴线：将原有可利用的直线变更为轴线。如将最右端的竖直线变更为轴线。先用靶框选取对象，然后在图层控制内点选轴线层。

然后将线形控制改为"bylayer"，见图 9-55。

然后绘制其他需要绘制的轴线。可利用图层控制将绘图图层改为"轴线"层，然后绘制 。或者绘制好线后，将其用工具栏内的格式刷 匹配。格式刷 操作如下。

点击特性匹配 ，按照命令提示 <kbd>MATCHPROP 选择源对象:</kbd> 用拾取框选择已有的轴线，当出现特性匹配 标志时，按照命令提示 <kbd>MATCHPROP 选择目标对象或 [设置(S)]:</kbd> 选取需改变属性的对象。绘制轴线后图层如图 9-56 所示。

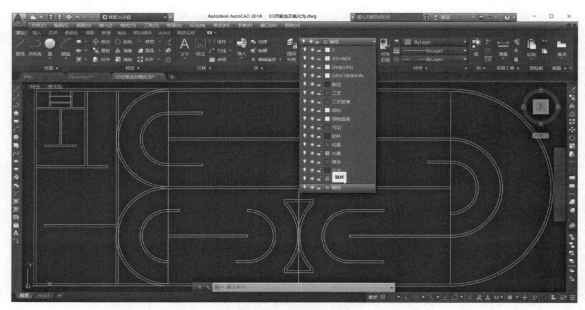

图 9-55 变更对象图层（一）

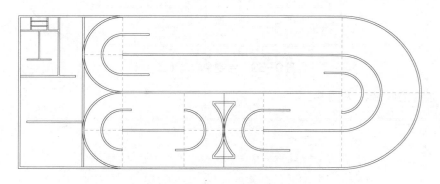

图 9-56 变更对象图层（二）

⑯ 绘制池顶走道板：用偏移、直线、剪切、延伸等命令绘制池顶走道板，见图 9-57。

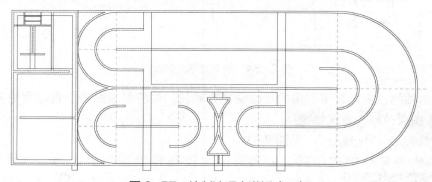

图 9-57 绘制池顶走道板（一）

⑰ 将走道板、设备平台下的线按视图要求，变更为虚线。用打断、延伸、格式刷、属性等命令修改，并剪切不需要的线段或圆弧等，见图 9-58。

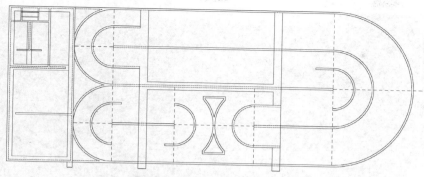

图 9-58　绘制池顶走道板（二）

⑱ 修改安装在倒伞曝气机下的导流墙：点击拉伸命令 📐（或输入快捷命令 "S"），选择对象：，从右至左框选需要拉伸的对象，如图 9-59 所示。

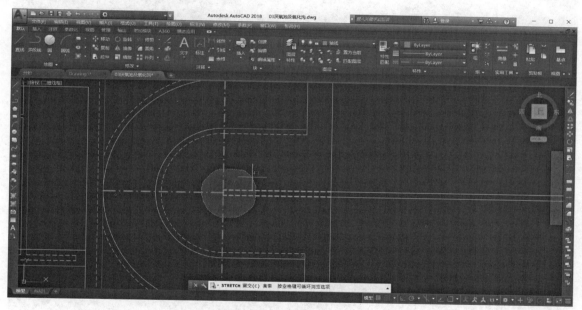

图 9-59　拉伸命令操作（一）

按【回车】键，如图 9-60 所示。

按住【Shift】键，用拾取框选择不需要拉伸的对象（图 9-60 中的两个轴线），按【回车】键，指定基点或［位移（D）］＜位移＞，按命令提示在绘图区域内给出任意基点（鼠标左键），如图 9-61 所示。

按命令提示输入拉伸距离 "2000"（正交状态下），指定第二个点或 ＜使用第一个点作为位移＞：2000，【回车】。完成后如图 9-62 所示。

⑲ 绘制设备及设备所需的孔洞、楼梯：一般污水处理厂的工艺图中，示意标示设备的外形。设备外形一般由设备生产厂商提供。绘图时注意核实设备的大小，外部轮廓需与图中的比例统一，见图 9-63。

⑳ 绘制出水渠并在工艺管道层绘制工艺管道，见图 9-64。

㉑ 绘制栏杆（示意）：在栏杆层先绘制栏杆示意双线，见图 9-65。

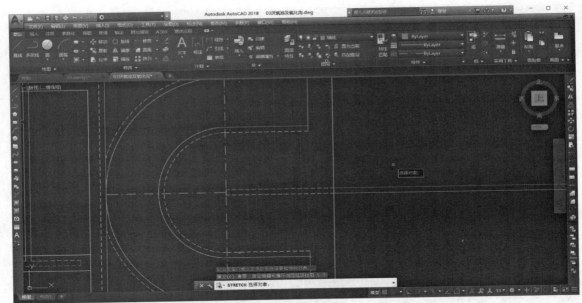

图 9-60 拉伸命令操作（二）

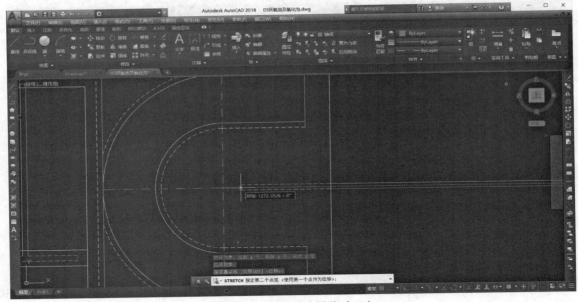

图 9-61 拉伸命令操作（三）

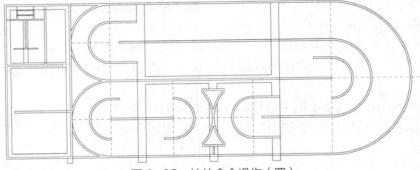

图 9-62 拉伸命令操作（四）

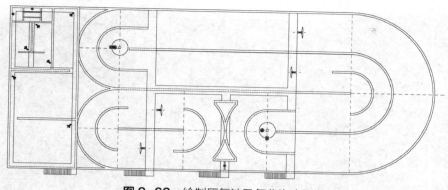

图 9-63 绘制厌氧池及氧化沟内设备

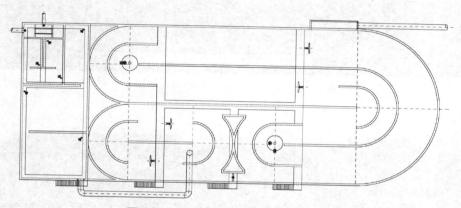

图 9-64 绘制厌氧池及氧化沟内管道

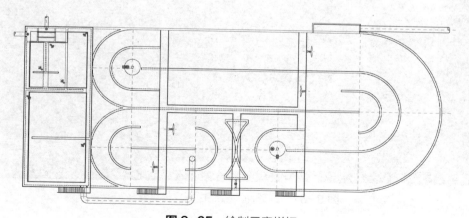

图 9-65 绘制示意栏杆

再绘制栏杆立柱（示意）。栏杆立柱采用圆环命令（DO）。在命令行输入"do"并回车，📍▾DONUT **指定圆环的内径 <0.5000>:**，按命令提示输入内径"0"（实心圆环）并回车，📍▾DONUT **指定圆环的外径 <1.0000>:**，按命令提示输入外径"50"（根据图纸比例输入）并回车，📍▾DONUT **指定圆环的中心点或 <退出>:**，用鼠标在栏杆的起始处点击，见图 9-66、图 9-67。

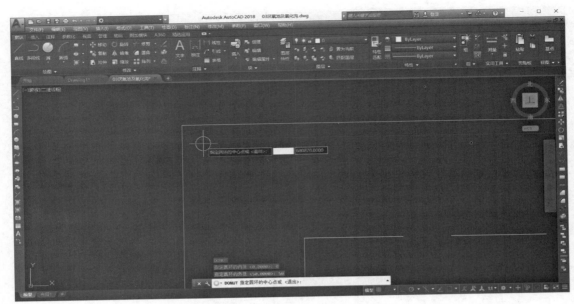

图 9-66　圆环命令绘制栏杆立柱（一）

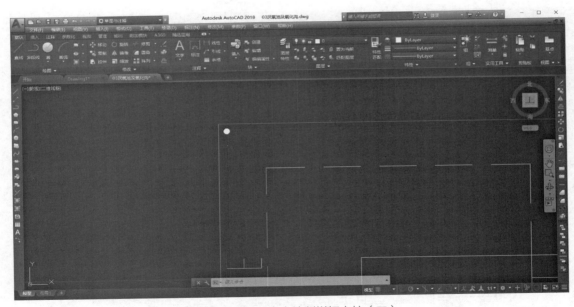

图 9-67　圆环命令绘制栏杆立柱（二）

　　用阵列命令 ▦ 绘制其他立柱（快捷命令"AR"）。点击【阵列】命令，跳出【阵列】命令对话框，如图 9-68 所示。

　　此处阵列默认为矩形阵列。在行内输入行数"1"，在列内输入列数"20"。根据栏杆的长度，在行偏移内输入行距"500"（向上为＋，向下为－），在列偏移内输入列间距"500"（向右为＋，向左为－），然后点击选择对象，选择实心圆环后确定，再点击对话框内的【确定】，如图 9-69 所示。

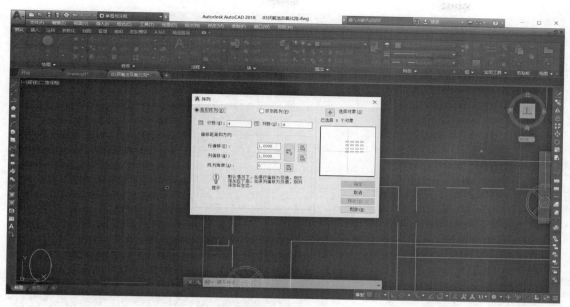

图 9-68　矩形阵列命令

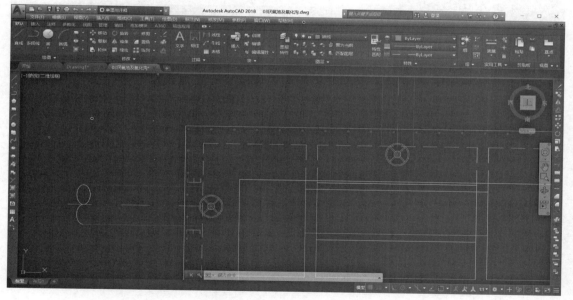

图 9-69　矩形阵列绘制栏杆立柱

　　主要采用阵列、拷贝、移动、删除命令绘出所有栏杆立柱。完成后如图 9-70 所示。

　　㉒ 标注：将绘图层变更为标注层。在标注层标注平面的特征尺寸。一般标注为三层。第一层为独立功能区的最详细尺寸，第二层为一个功能区的总尺寸，第三层为构筑物的总尺寸。绘图人员可根据实际需要进行标注。

　　本实例中主要用到的标注命令为：标注命令 ▯、连续标注命令 ▯、半径标注命令 ○。所有的标注命令可在菜单栏内找出，见图 9-71。

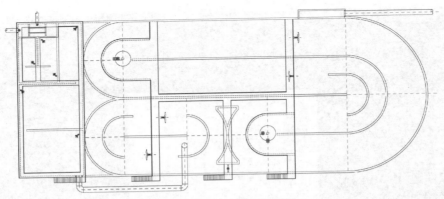

图 9-70 池顶栏杆示意图

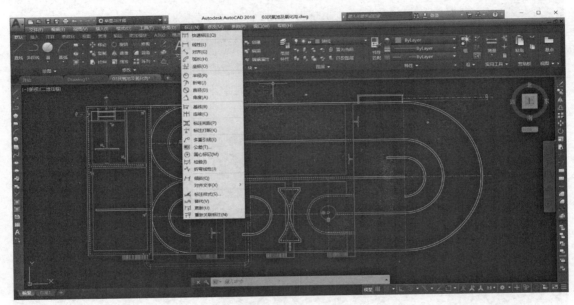

图 9-71 标注菜单

为了使标注整齐，可以先画一些辅助线，如图 9-72 所示。

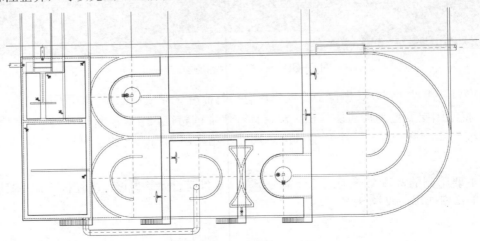

图 9-72 绘制标注辅助线

　　开始标注。点击线性标注命令█，或从菜单栏内点击【线性标注】，按照命令提示指定第一条尺寸界线原点或<选择对象>。用鼠标选取第一个辅助线的交点后，按照命令提示指定第二条尺寸界线原点，用鼠标选取第二个交点，见图9-73。

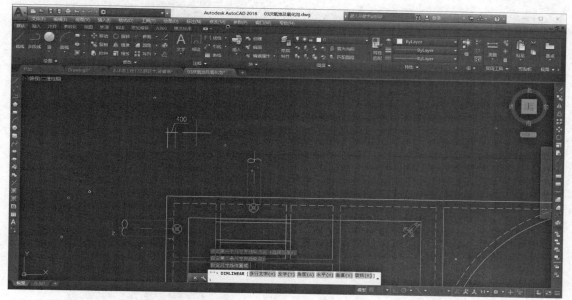

图9-73　尺寸线性标注（一）

　　然后用鼠标指定尺寸线位置，如图9-74所示。

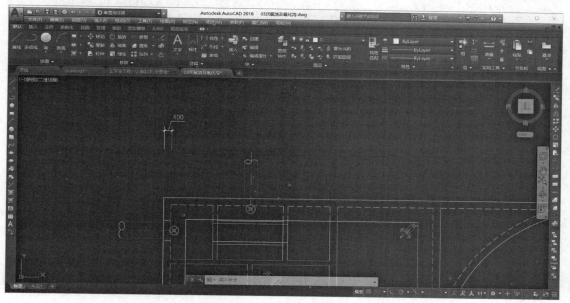

图9-74　尺寸线性标注（二）

　　然后点击连续标注命令，依次选取辅助线的交点，如图9-75所示。
　　按此方式，采用线性标注、连续标注、半径标注等，完成平面图的标注。局部尺寸可标注在图内。标注以清晰完整为好。标注完成后，擦除辅助线。尺寸标注完成图如图9-77所示。

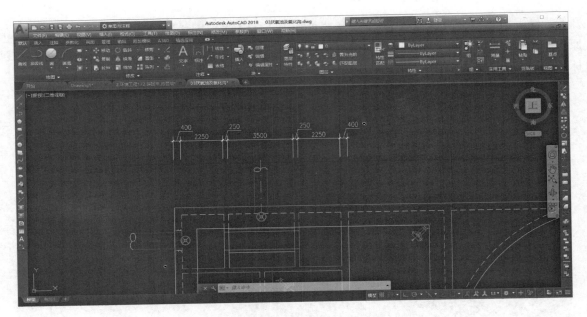

图 9-75　尺寸连续标注

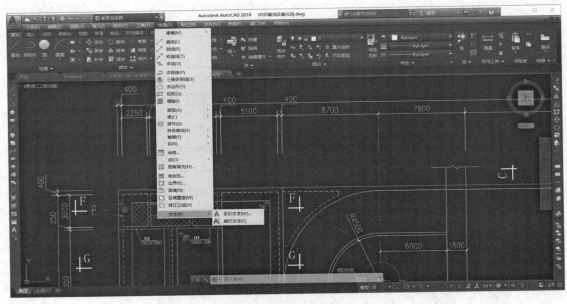

图 9-76　文字菜单

㉓ 对工艺管进行注释：一般注释工艺管的用途及管径。注释可采用多行文字 **A** 或单行文字 **A**，或从绘图菜单栏内点击多行文字或单行文字，见图 9-76。

一般建（构）筑物图中的文字采用单行文字。点击单行文字 **A**，在需要标注文字的管道附近用鼠标给出文字起点，然后根据命令提示输入文字高度＜0.2000＞：300。指定文字的旋转角度＜0＞，然后输入文字。所有文字输入完成后，工艺管道注释完成图见图 9-78。

㉔ 检查。检查主要包含以下几项：图是否标示完全？虚、实线是否正确？标注是否完整？

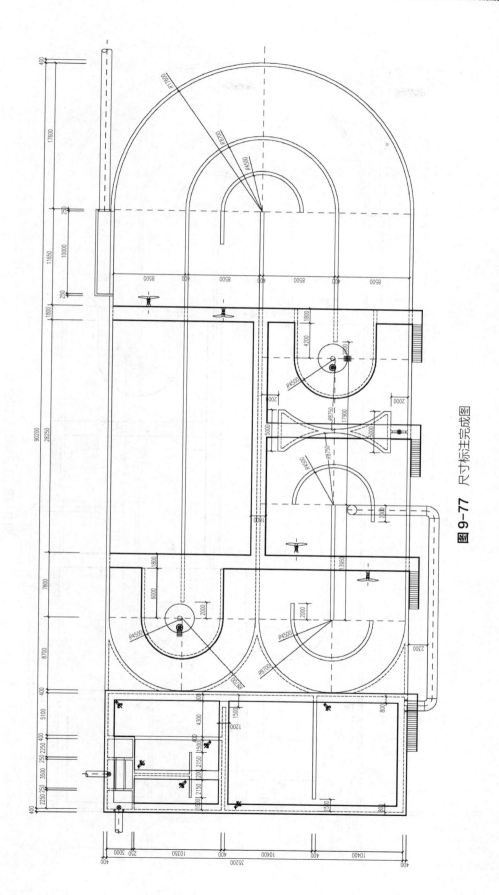

图 9-77　尺寸标注完成图

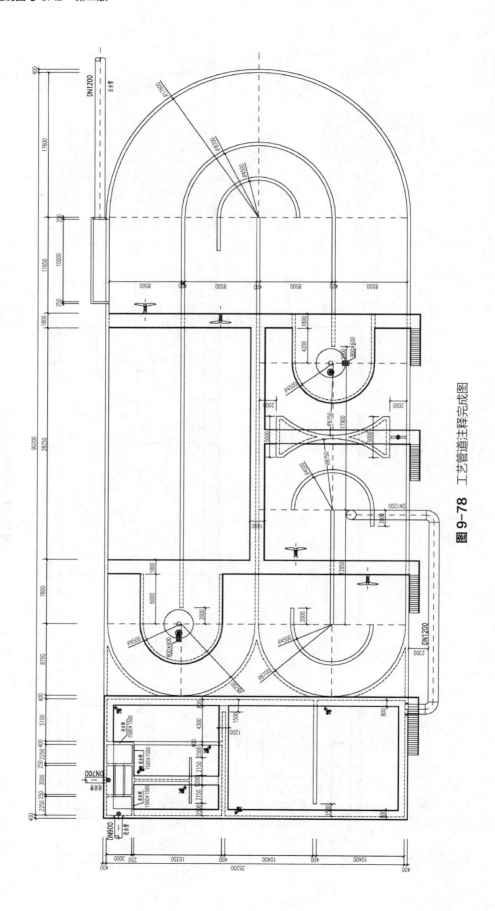

图 9-78 工艺管道注释完成图

9.4　大气污染控制工程图

9.4.1　大气污染

　　人类活动或自然过程使得某些物质进入大气中，当其呈现出足够的浓度，或达到了足够的时间时会危害人体的舒适、健康，甚至危害生态环境。从其影响的范围来说，大气污染分局部、区域、广域和全球性大气污染。从污染物来分有气溶胶（如粉尘、烟、飞灰、黑烟、雾）和气态污染物。大气污染物的来源有点源和面源（燃料燃烧、工业生产）、流动源（交通运输）。

　　大气污染的防治基本要素是防和治的综合。主要的防治措施有：全面规划、合理布局，严格环境管理，在污染源头设置废气净化装置。

　　在《环境空气质量标准》（GB 3095—2012）中，环境质量标准分为三级：一级标准是为了保护生态环境和人类健康，长期接触情况下不发生危害性影响的空气质量要求；二级标准是为了保护人群健康和城乡动植物，短期接触情况下，不发生危害性影响的空气质量要求；三级标准是为了保护人群不发生慢性中毒和城市一般动植物正常生长的空气质量要求。

　　在《环境空气质量标准》（GB 3095—2012）中，环境空气功能区分为两类。一类为自然保护区、风景名胜区和其他需要特殊保护的区域，二类为居住区、商业交通居民混合区、文化区、工业区和农村地区。

9.4.2　除尘装置

　　对大气污染防治的工程来说，源头防治为主要措施。本节主要介绍燃烧后除尘设施。燃烧除尘主要用于集中供热锅炉及热电厂锅炉后烟气。除尘器按其工作原理分为：布袋除尘器、旋风除尘器、水浴除尘器、静电除尘器。本节主要介绍布袋除尘器。

　　布袋除尘器原理：含尘气体由灰斗上部进风口进入后，在挡风板的作用下，气流向上流动，流速降低，部分大颗粒粉尘由于惯性力的作用被分离出来落入灰斗。含尘气体进入中箱体经滤袋的过滤净化，粉尘被阻留在滤袋的外表面，净化后的气体经滤袋口进入上箱体，由出风口排出。随着滤袋表面粉尘不断增加，除尘器进出口压差也随之上升。当除尘器阻力达到设定值时，控制系统发出清灰指令，清灰系统开始工作。布袋除尘器原理见图9-79。

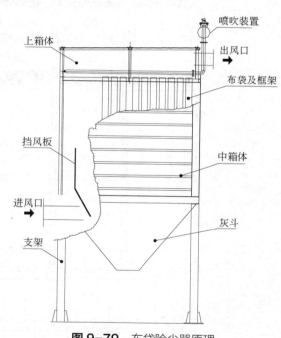

图9-79　布袋除尘器原理

9.4.2.1　除尘器平面图

　　本节主要介绍布袋除尘器的外形示意图，不介绍除尘器的机械加工图。除尘器平面图中主要可见箱体外框、盖板、喷吹装置、振动装置、爬梯，见图9-80。

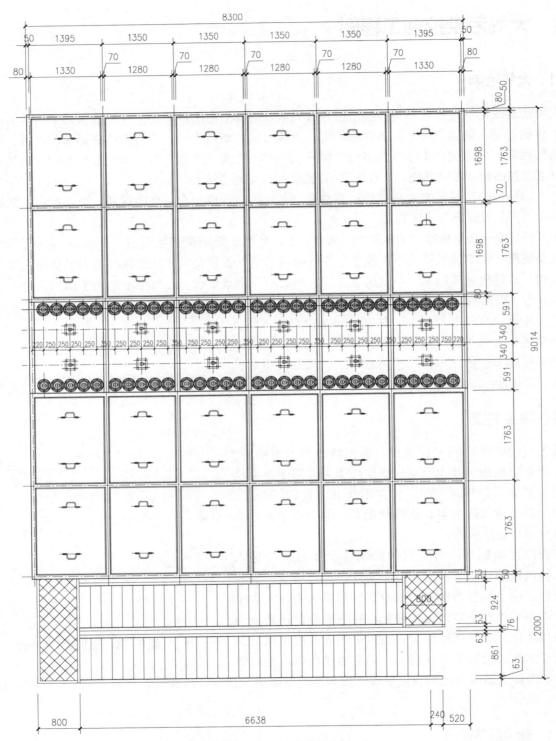

图9-80 除尘器平面图

① 建立图层：参见前节建立箱体、盖板、喷吹装置、振动装置、爬梯、标注图层。

② 绘制盖板：盖板是由钢板折边焊接而成。盖板上焊接吊环，见图9-81。

a. 矩形命令 ◼（或输入命令"rec"），　**RECTANG** 指定第一个角点或 ［倒角(C) 标高(E) 圆角(F) 厚度(T) 宽度(W)］：，根据命令提示用鼠标指定第一点，RECTANG 指定另一个角点或 [面积(A) 尺寸(D) 旋转(R)]：，再根据命令提示，在命令行内输入"@1330,1698"。绘制出盖板的外框。

采用偏移命令 （或输入命令"O"），偏移外框，偏移距离 10（为了表示清楚，钢板厚度不按比例要求绘制），将偏移出的内框变更为虚线（见氧化沟相关绘制）。用直线连接内外两个矩形框的交点，如图 9-82 所示。

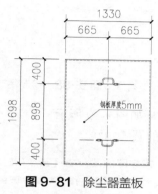

图 9-81　除尘器盖板

图 9-82　绘制盖板（一）

b. 采用偏移等命令确定出吊环的位置，如图 9-83 所示。

c. 绘制吊环。为了便于介绍绘图步骤，作出吊环图如图 9-84 所示。

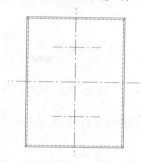

图 9-83　绘制盖板（二）

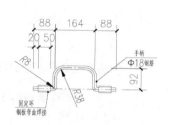

图 9-84　吊环平面图

d. 先绘制吊环轴线。用直线命令绘制两条长为 340 的平行直线，间距 92，并按图 9-84 的尺寸绘制两条垂线，见图 9-85。

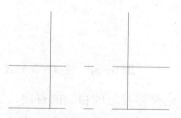

图 9-85　绘制吊环轴线（一）

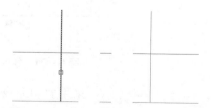

图 9-86　绘制吊环轴线（二）

e. 采用圆角命令 绘制相切的弧形轴线。

点击圆角命令，选择第一个对象或 [放弃(U)/多段线(P)/半径(R)/修剪(T)/多个(M)]：r，根据命令提示，输入圆角半径提示"r"后回车；指定圆角半径 <30.0000>：38，根据提示，输入圆角半径"38"后回车；选择第一个对象或 [放弃(U)/多段线(P)/半径(R)/修剪(T)/多个(M)]：，根据命令提示，用拾取框选择上面的水平线，如图 9-86 所示。

选择第二个对象，或按住 Shift 键选择要应用角点的对象:，用拾取框选择上面的水平线，如图 9-87 所示。

选择完成后，圆角绘制完成，如图 9-88 所示。

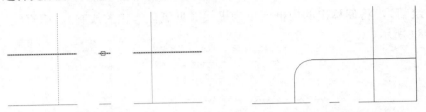

图 9-87　绘制吊环轴线（三）　　　　**图 9-88**　绘制吊环轴线（四）

按上述步骤作另一圆角，完成后如图 9-89 所示。

f. 采用圆及剪切命令绘制下面的圆弧轴线。

点击圆命令 ⊙，命令:_circle 指定圆的圆心或 [三点(3P)/两点(2P)/相切、相切、半径(T)]: t，根据命令提示输入"t"并回车; 指定对象与圆的第一个切点:，按命令提示选择第一条与圆相切的线，如图 9-90 所示。

图 9-89　绘制吊环轴线（五）　　　　**图 9-90**　绘制吊环轴线（六）

指定对象与圆的第二个切点:，按照命令提示选择与圆相切的第二条线，如图 9-91 所示。

指定圆的半径: 8 ，按照命令提示输入所绘圆半径"8"并回车，如图 9-92 所示。

图 9-91　绘制吊环轴线（七）　　　　**图 9-92**　绘制吊环轴线（八）

采用剪切命令（或输入"tr"），选择圆及与圆相切的直线，剪切掉多余的圆及线，如图 9-93 所示。

按以上步骤，绘制另一侧，完成后如图 9-94 所示。

g. 采用偏移、直线、剪切等命令，绘制吊环的轮廓线。绘制完成后如图 9-95 所示。

h. 按吊环的定位，将吊环放置在盖板上（另一个拉环采用【镜像】命令 ▲，快捷命令为"mi"），如图 9-96 所示。

③ 绘制喷吹装置的平面图：见图9-97。

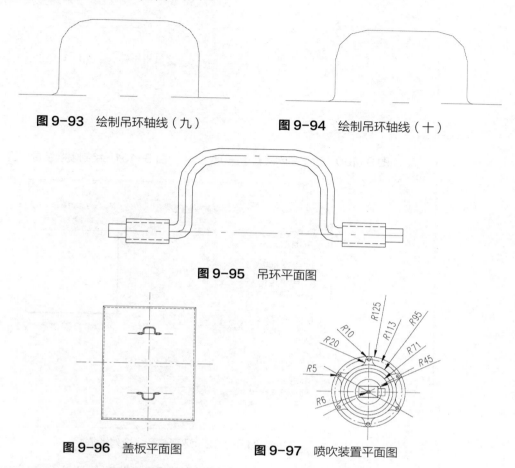

图9-93 绘制吊环轴线（九）　　**图9-94** 绘制吊环轴线（十）

图9-95 吊环平面图

图9-96 盖板平面图　　　**图9-97** 喷吹装置平面图

a. 按图9-97尺寸画一组圆环及螺栓孔的分布圆，并示意画出矩形阀盖，见图9-98。

b. 绘制螺栓孔：绘制辅助线及与竖直轴线成14°的两条直线，见图9-99。

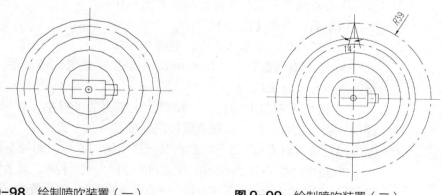

图9-98 绘制喷吹装置（一）　　**图9-99** 绘制喷吹装置（二）

采用圆命令及按相切画圆，见图9-100。圆半径见喷吹装置平面图（图9-97）。

用剪切命令剪切掉多余的圆及线，并绘出螺栓孔的圆，见图9-101。

c. 阵列螺栓孔：采用阵列命令 ⌗，选择环形阵列。项目总数为"6"，填充角度为"360"，选择【复制时旋转项目】，见图9-102。

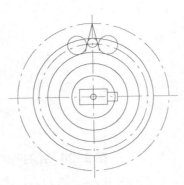

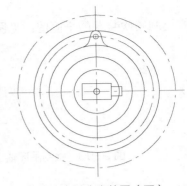

图 9-100　绘制喷吹装置（三）　　　　**图 9-101**　绘制喷吹装置（四）

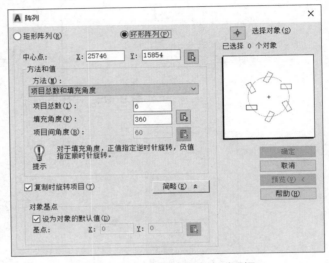

图 9-102　环形阵列命令对话框

　　点击【选择对象】后，用拾取框选择需要阵列的螺栓孔，回车后点击【中心点】，见图 9-103。

　　中心点选所有同心圆的圆心，见图 9-104。

　　回车后，点击【确定】。

　　喷吹装置的绘制基本完成，见图 9-105。

　　④ 绘制振动装置：见图 9-106，绘制振动装置比较简单，本书不再赘述。请读者自行示意画出。

　　⑤ 根据平面图中的尺寸，绘制除尘装置的外框架、相应的轴线，并将上述的盖板、喷吹装置、振动装置按尺寸放置。

　　经过读者对 CAD 命令的熟悉及一些实例的操作，此处不再赘述过程。

　　⑥ 按平面图尺寸绘制爬梯：除尘器的爬梯为钢制爬梯，其主要由角钢及钢板焊接而成。对于绘图来说，其主要是一些直线条的组合，不再赘述，读者可自行绘制。

　　⑦ 标注尺寸，完成振动装置平面图，即图 9-106。

9.4.2.2　绘制除尘器立面图

　　在除尘器立面图中，主要可以看到除尘器支架、中箱体、上箱体、楼梯栏杆、灰斗等。

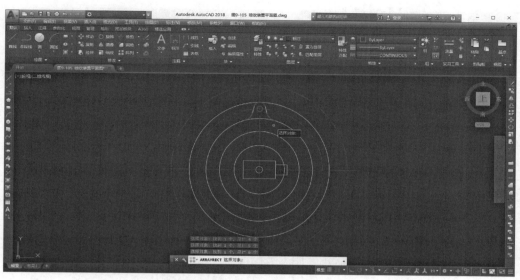

图 9-103　环形阵列螺栓孔（一）

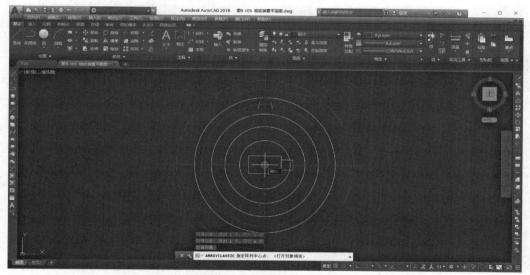

图 9-104　环形阵列螺栓孔（二）

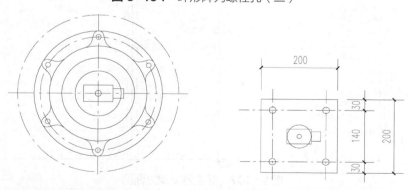

图 9-105　喷吹装置平面图（完成）　　　　　**图 9-106**　振动装置平面图

　　① 除尘器支架。支架主要由工钢、扁钢、钢板等焊接或螺栓连接而成，图中主要为直线，所用的 CAD 命令也比较简单。读者可按尺寸自行练习画图。支架的两个立面图见图 9-107。

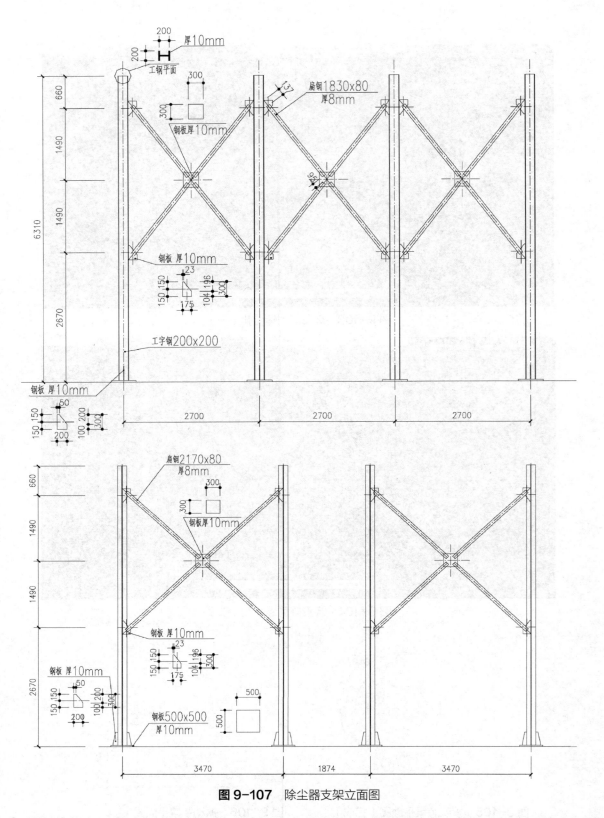

图 9-107 除尘器支架立面图

② 绘制箱体立面图。在除尘器的立面图上主要可以看见其外部的构件，构件主要为型钢、钢板等。本节对画箱体的步骤不再赘述，读者可根据尺寸标注自己练习画出。限于图幅，标注的尺寸不是非常详细，读者可示意画出，见图 9-108、图 9-109。

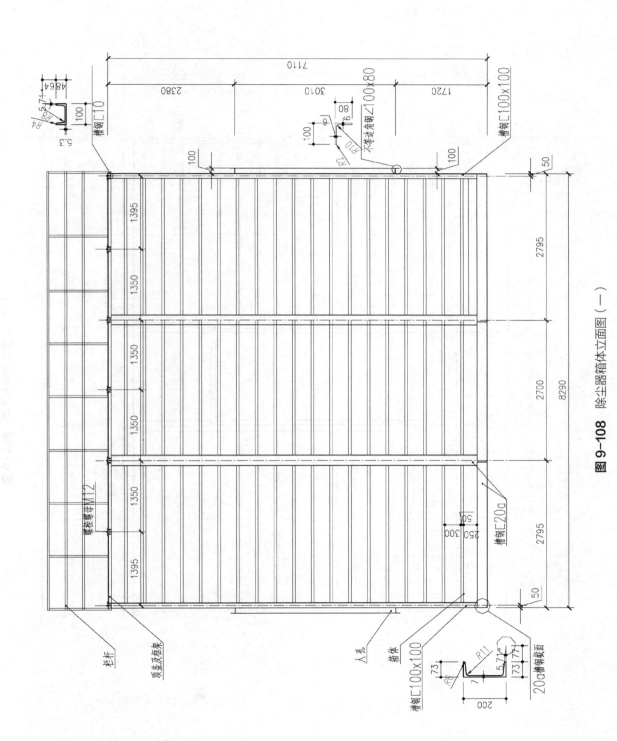

图 9-108 除尘器箱体立面图（一）

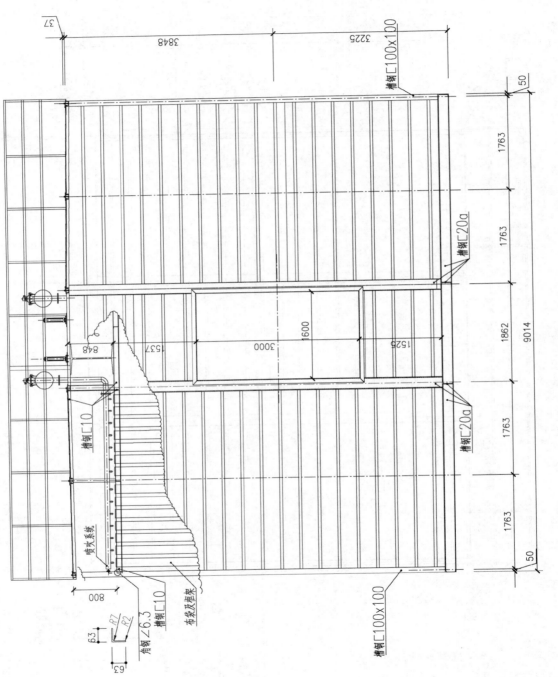

图 9-109　除尘器箱箱体立面图（二）

③ 将支架与箱体组合，见图 9-110、图 9-111。

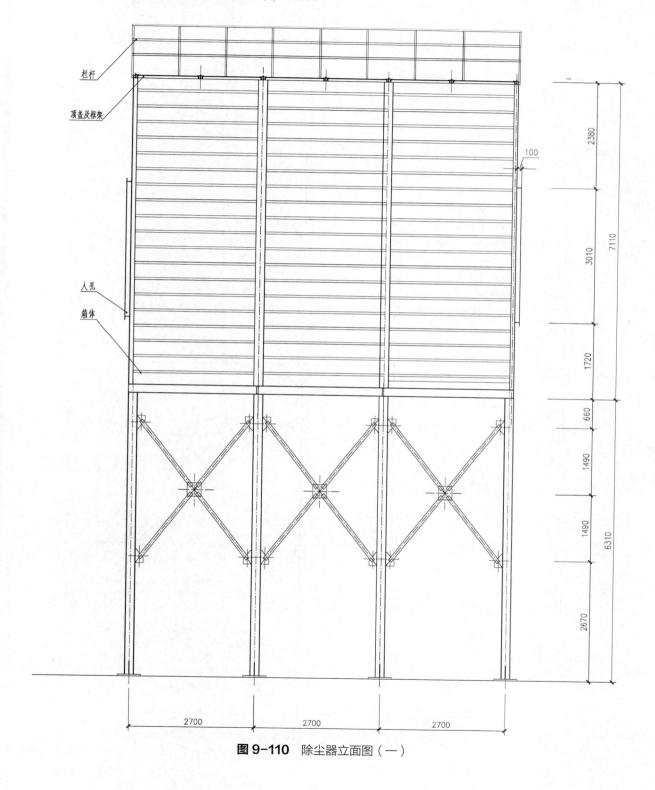

图 9-110　除尘器立面图（一）

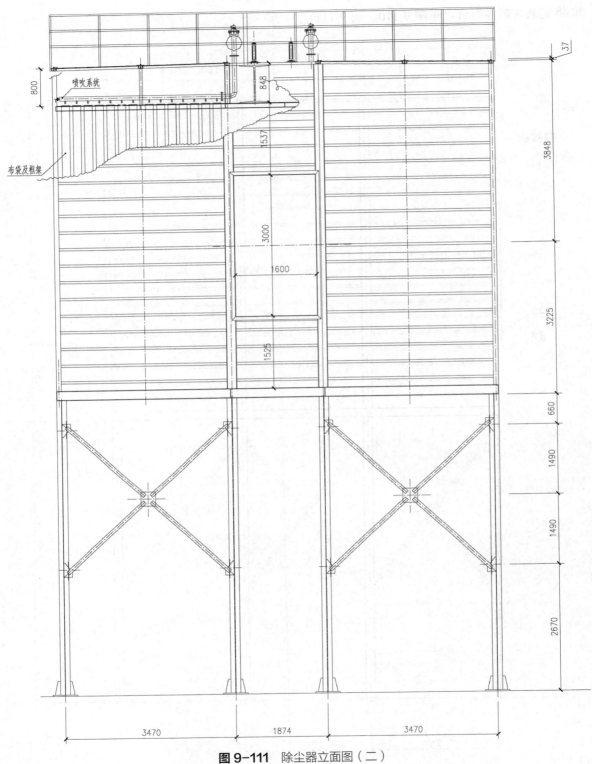

图 9-111 除尘器立面图（二）

④ 绘制立面图（二）中的楼梯栏杆，完成立面图 9-112。

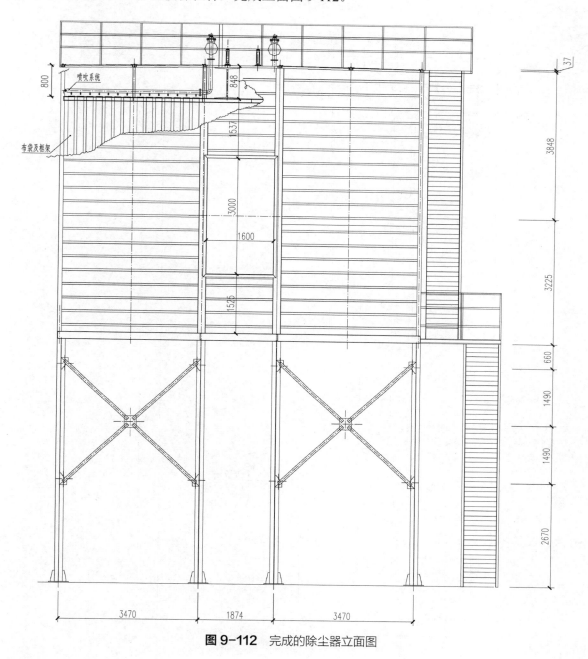

图 9-112 完成的除尘器立面图

9.4.3 尾气排放

燃烧尾气及气体污染物排放主要为高空排放，即设置烟囱排放至高空。对上述污染物的处理既要考虑满足大气污染物扩散稀释的要求，又要考虑节省投资，最终的目的是保证地面污染物浓度不超过《环境空气质量标准》中的规定。

某集中供热工程中烟囱实例图见图 9-113。

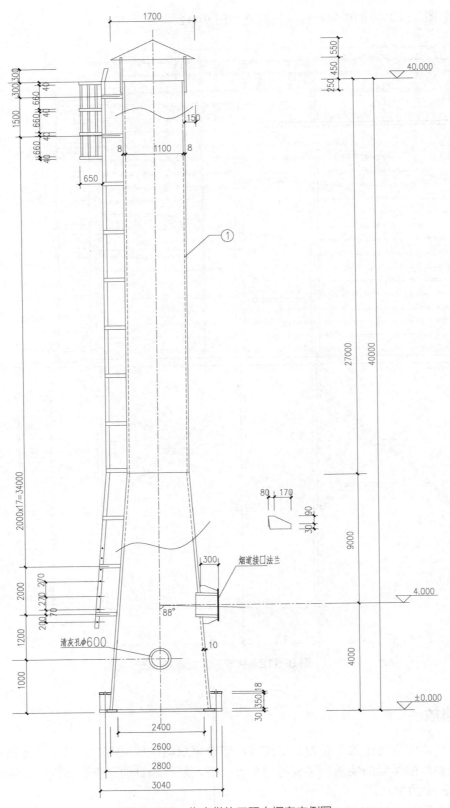

图 9-113　集中供热工程中烟囱实例图

9.4.4　污水厂中气体污染防治

污水厂中气体污染物主要为各处理构筑物排放出的 NH_3 和 H_2S 气体。排放的主要构筑物有提升泵房、格栅间、污泥处理间、污泥池、生物反应池等。我国刚开始建设污水厂时，污水厂一般位于城镇的下游并远离城市，由于经济条件的限制及人们对空气环境的认知程度较弱，对污水厂排放的气体污染物不做处理，任其自由扩散。随着经济的发展和城市建设区域的扩大，有些建成的污水处理厂已经被城市包围，有些污水厂受污水管网及用地的制约，只能建设在城区内，污水厂气体污染的防治问题亟待解决。目前污水厂气体污染的防治方法主要为源头治理，主要处理方式有：采用生物法集中处理、采用化学药剂喷洒处理、采用离子法源头处理。本书主要介绍生物除臭法。

9.4.4.1　生物除臭原理

生物过滤工艺采用了液体吸收和生物处理的组合作用。臭气首先被液体（吸收剂）有选择地吸收形成混合污水，再通过微生物的作用将其中的污染物降解。具体过程是：先将人工筛选的特种微生物菌群固定于填料上，在污染气体经过填料表面初期，可从污染气体中获得营养源的那些微生物菌群，在适宜的温度、湿度、pH 值等条件下，将会得到快速生长、繁殖，并在填料表面形成生物膜，当臭气通过其间时，有机物被生物膜表面的水层吸收后又被微生物吸附和降解，得到净化再生的水被重复使用。

污染物被去除的实质是臭气作为营养物质被微生物吸收、代谢及利用。这一过程是微生物的相互协调的过程，比较复杂，它由物理、化学、物理化学以及生物化学反应所组成。

生物除臭可以表达为：污染物 $+ O_2 \longrightarrow$ 细胞代谢物 $+ CO_2 + H_2O$。

污染物的转化机理即生物除臭原理可用图 9-114 表示。

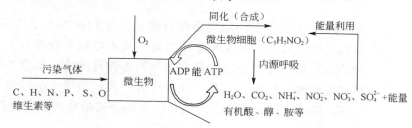

图 9-114　生物除臭原理

微生物除臭过程分为以下三步。

第一步：臭气同水接触并溶解到水中。

第二步：水溶液中的恶臭成分被微生物吸附、吸收，恶臭成分从水中转移至微生物体内。

第三步：进入微生物细胞的恶臭成分作为营养物质为微生物所分解、利用，从而使污染物得以去除。

微生物除臭是利用微生物细胞对恶臭物质的吸附、吸收和降解功能，对臭气进行处理的一种工艺。主要过程如下：通过收集管道，抽风机将臭气收集到生物滤池除臭装置，臭气经过加湿器进行加湿后，进入生物滤池池体，后经过填料微生物的吸附、吸收和降解，将臭气成分去除。

9.4.4.2　生物菌种

用于臭气处理的微生物为生物滤塔除臭系统的核心部分，微生物的质量直接决定了除臭效果。必须掌握相关微生物菌种分析技术和研究设备才能根据臭气成分培育出相应的菌种，从而对致臭物质进行吸附、降解，否则难以保证除臭效果。

已经用于除臭工程的菌种种类有：硫化细菌、氨氧化细菌、芽孢菌、假单胞菌等 20 余种。

在生物填料上，微生物菌种吞食了恶臭废气后大量生长繁殖，给大量的原生动物提供了丰富养料，促进了原生动物的生长繁殖，从而形成了一条食物链（细菌—藻类—原生动物），保持了系统的良性循环。在菌膜中出现原生动物，如草履虫、鞭毛虫、变形虫等，表明恶臭去除效果明显，相关生物的显微照片如图 9-115 所示。

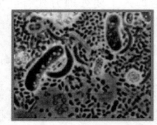 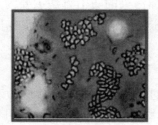

由细菌、真菌、藻类、原生动物组成的菌胶团　　　　　颗粒状菌胶团

草履虫　　　　　变形虫　　　　　鞭毛虫　　　　鞭毛虫（放大）

图 9-115　典型除臭微生物菌胶团

9.4.4.3　除臭设备

污水处理厂生物除臭系统目前包括生物滤池、生物滴滤塔、生物滤床、植物提取液除臭、高能离子除臭等，基本以成套设备为主。这里简要介绍生物滤池除臭。生物滤池除臭设备包括生物过滤池、加湿系统、生物滤料、循环加湿系统、风机、水泵、仪器仪表、控制系统（电控柜）及处理后排放管道等。安装支架等安全有效运行所需的全部附件。主要设备及流程如图 9-116 所示。

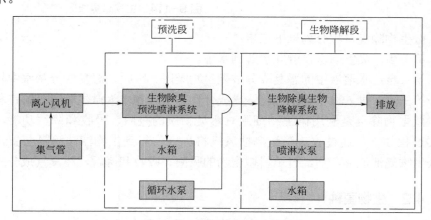

图 9-116　除臭设备工艺流程图

生物滤池除臭基本以各设备组成，由管道将各设备按工艺流程安装连接即可。对一般的读者来说，只需了解对除臭设备的应用，设备的其他细节与

CAD 制图的方法关系不大，本书不再赘述。

9.5 垃圾填埋场

9.5.1 垃圾填埋场的组成

垃圾填埋场卫生填埋的作业流程一般为：计量、卸料、推铺、压实、覆盖、灭虫。垃圾转运车进入垃圾填埋场，经计量系统称重计量后，进入卫生填埋区，在作业面上倾倒，推土机将垃圾推平后由压实机进行压实处理，达到单元作业厚度时，再由推土机推土进行单元覆盖。当垃圾厚度达到中间覆盖厚度时，进行中间层覆盖，如此反复，直至终场。图 9-117 所示为垃圾填埋场工艺流程框图。

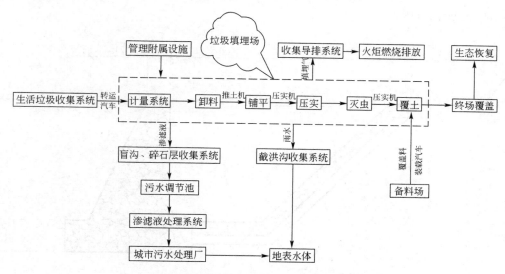

图 9-117 垃圾填埋场工艺流程框图

根据其作业流程，垃圾填埋场由计量系统、填埋库区、填埋气收集导排系统、垃圾渗滤液收集及处理系统、填埋场雨水排放系统以及管理辅助设施组成。

为节省投资，垃圾填埋场的一般选址为城市附近的山谷或沟道。对厂址的沟道进行工程处理后，用于垃圾填埋。工程设施的主要内容包括：库底平整、库区侧壁平整、库区防渗、库区上游拦洪坝、库区下游垃圾坝、库区周围排水设施（排洪暗涵或截洪沟）、库区渗滤液导排设施、填埋气导排设施。

本书主要介绍垃圾填埋场库区的主要工程设施。垃圾填埋场主要的工程设施在绘图时基本都是二维制图，其用到的 CAD 命令与前节命令基本相同。用到的命令有直线、偏移、填充、标注、文字等。读者可根据本书第 9.5.2 节图纸自行绘制。

9.5.2 垃圾填埋场主要设施

9.5.2.1 截洪坝

截洪坝断面图见图 9-118。

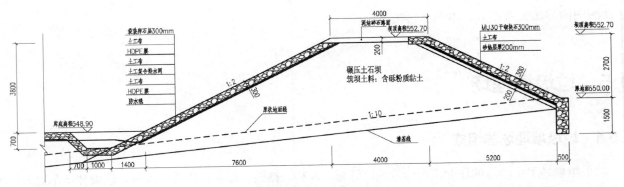

图 9-118　截洪坝断面图

9.5.2.2　截洪沟

截洪沟断面图见图 9-119。

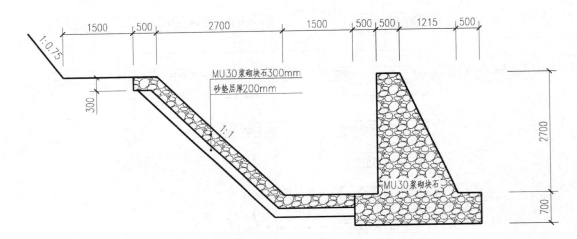

图 9-119　截洪沟断面图

9.5.2.3　库底与边坡防渗构造图

库底与边坡防渗构造图见图 9-120。

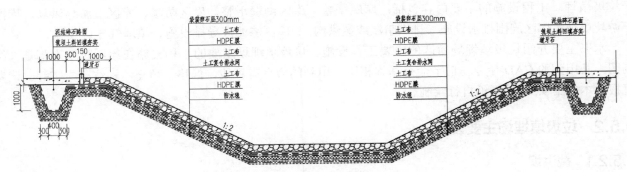

图 9-120　库底与边坡防渗构造图

注意：库底与边坡防渗构造图为示意图，目的是标示库区的防渗构造。

9.6　噪声控制设备

9.6.1　噪声控制概述

噪声控制的基本原理：声学系统一般由声源、传播途径和接收器三个环节组成，抑制噪声的方法必须设法针对它的产生、传播和听者接收这三个环节采取措施。目前最普遍的做法是在噪声的传播过程中对其加以控制。

噪声治理技术：在噪声治理上，主要有隔振、隔声、吸声、消声4种减噪措施。

隔振：利用减振器、柔性软接管和弹性支撑等，使设备产生的激振力被减振装置所隔绝，使固体声得到有效抑制。

隔声：用隔声墙、隔声门、隔声窗和隔声罩将噪声源封闭起来，以达到隔声降噪的目的。

吸声：将多孔吸声材料安装在墙面及天花板上，利用其吸声原理，减少墙面及天花板的反射声，增加室内总吸声量，以达到降噪的目的。

消声：消声是将多孔吸声材料固定在气流通道内壁，或按一定方式固定在管道中，以达到削弱空气动力性噪声的目的。

气流噪声控制的基本方法：选择合适的空气动力机械设计参数，减少气流脉动，减小周期性激发力；降低气流速度，减小气流压力突变，以降低湍流噪声；降低高压气体排放压力和流速；安装合适的消声器。

城市环境噪声可分为以下几种。

工业生产噪声：主要来自工厂机器设备等的辐射噪声。

建筑施工噪声：主要是施工机械的噪声。

交通运输噪声：主要是交通运输设备如汽车、飞机、火车、轮船的噪声。

社会活动噪声：主要是人为活动所产生的干扰周围生活环境的噪声。

9.6.2　隔声屏障制图

隔声屏障主要由基础、立柱、隔声板组成。其在二维制图中主要以线条为主，在此不作过多叙述，读者可根据图9-121自行练习。

9.6.3　隔声罩

对噪声一般从源头治理。厂房内设备所产生的噪声若超过环境允许范围，就应该对设备进行隔声处理。一般情况下，产生噪声的设备会配备隔声罩。本书以罗茨鼓风机隔声罩为例，来介绍隔声罩的组成，并采用CAD绘制隔声罩。隔声罩组成示意图见图9-122。

由图9-122可看出罗茨鼓风机隔声罩主要由以下几个组件组成：隔声罩墙①（两个）、隔声罩墙②、隔声罩墙③、进风消声箱、排气消声箱。下面逐一绘制隔声罩的组件。每个组件基本都由框架（钢板、型钢等焊接或螺栓连接）和填料组成，见图9-123～图9-128。

同样在绘制之前先建立图层：框架层、填充层、填料层、标注层、轴线层等。可根据个人绘图习惯来建立。

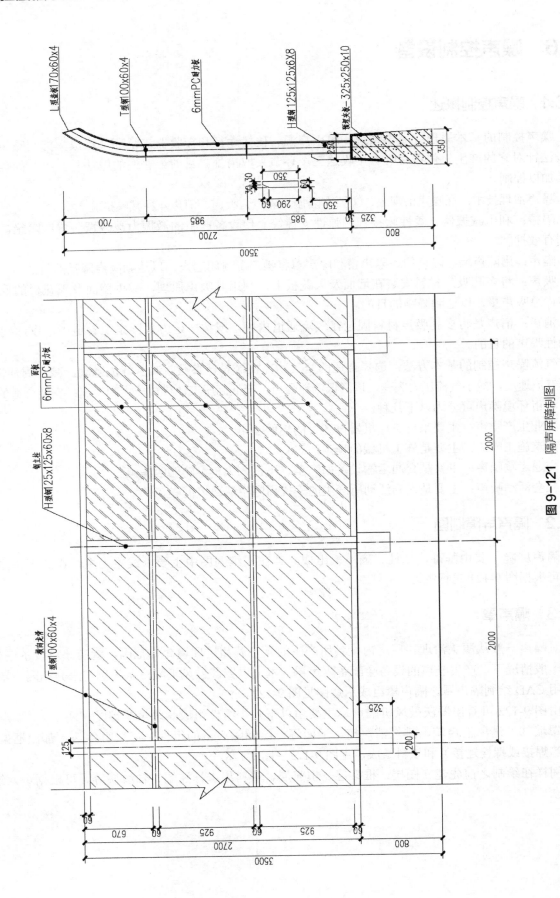

图 9-121　隔声屏障制图

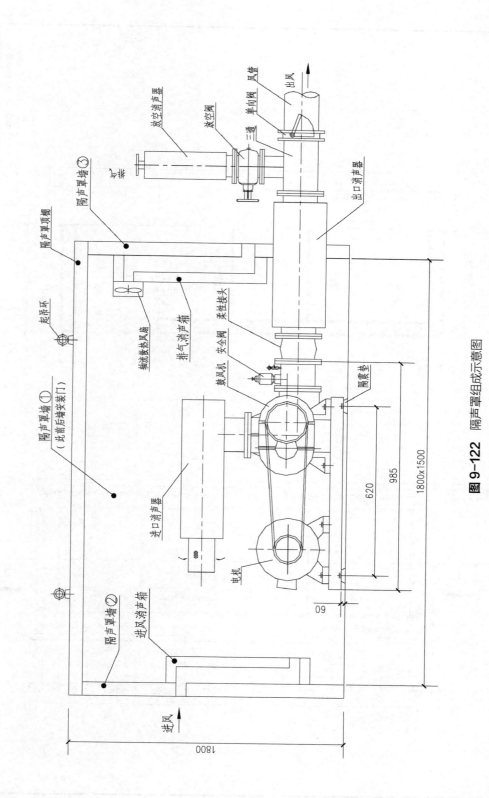

图9-122　隔声罩组成示意图

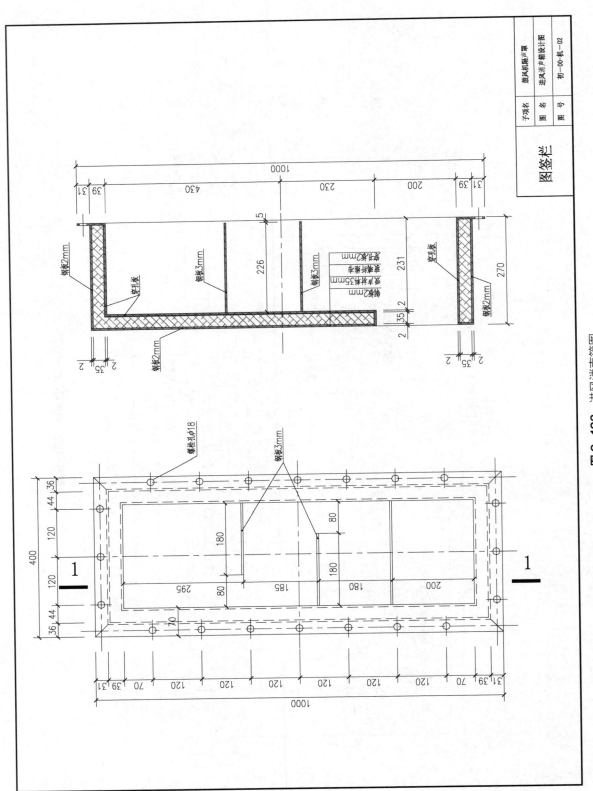

图 9-123　进风消声箱图

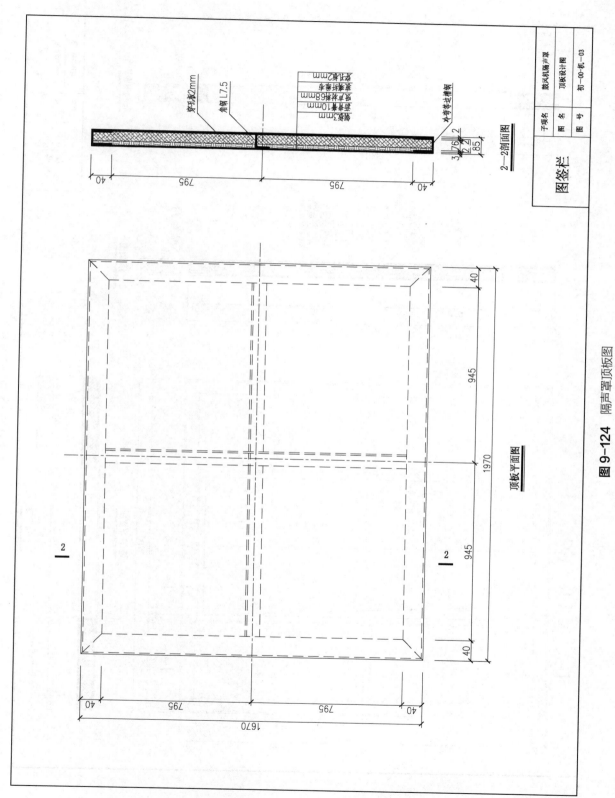

图9-124 隔声罩顶板图

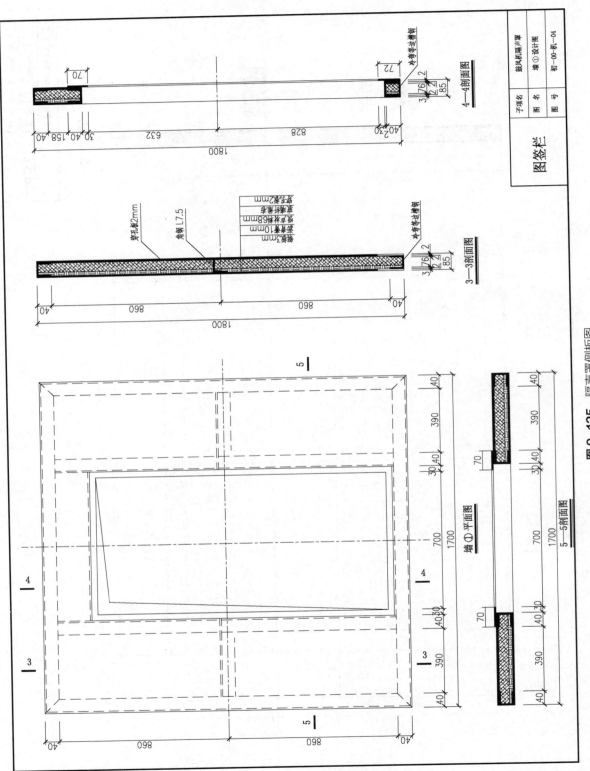

图 9-125　隔声罩侧板图

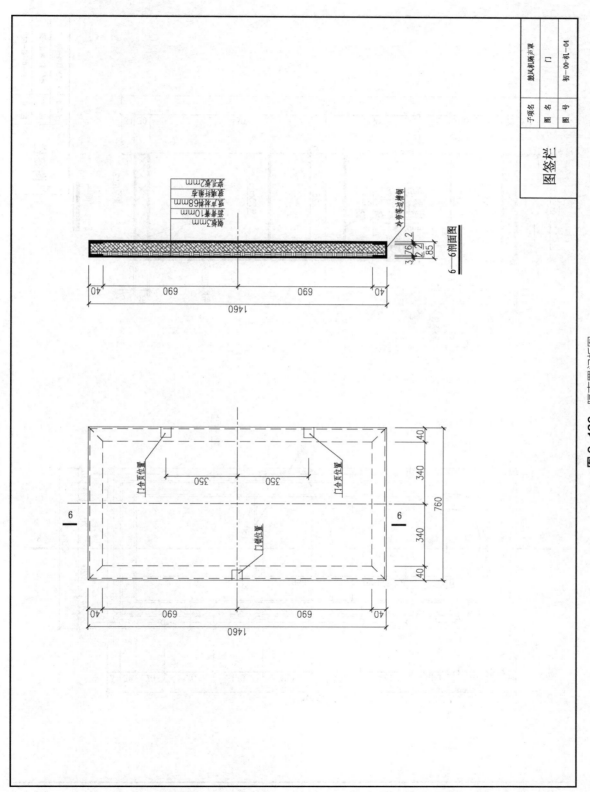

图 9-126　隔声罩门板图

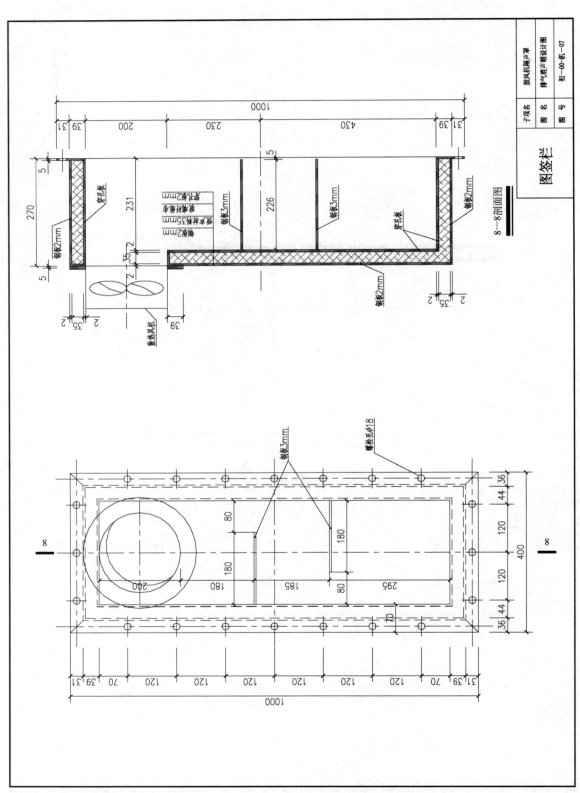

图9-127　排气消声箱图

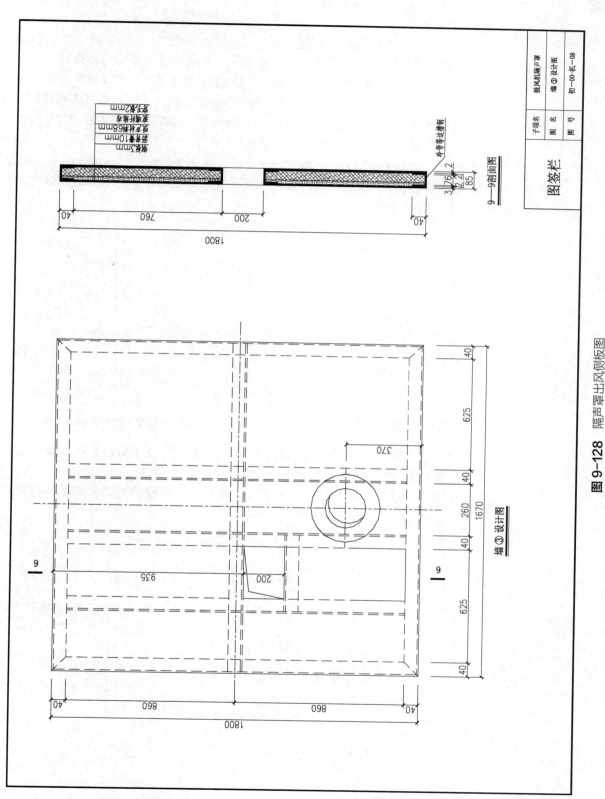

9—9剖面图

	面层漆3mm
	粘贴纤维板10mm
	吸声棉板68mm
	穿孔蒙面布
	穿孔板2mm

冷弯等边槽钢

墙③设计图

图 9-128   隔声罩出风侧板图

图签栏

子项名	鼓风机隔声罩
图 名	墙③设计图
图 号	初—00—机—08

9.6.3.1　进风消声箱

① 用【直线】命令 （或输入快捷命令 "L"）绘制外框。点击【直线】命令，在绘图区域内按照命令提示指定第一点；然后按照命令提示指定下一点，输入 "400"（在正交状态下，正交快捷键【F8】），指定下一点或 [放弃(U)]: 400，鼠标向右，【回车】；然后鼠标向上，输入 "1000"，指定下一点或 [放弃(U)]: 1000，【回车】；鼠标向左，输入 "400"，指定下一点或 [放弃(U)]: 400；然后首尾端点相连；完成矩形外框，如图 9-129 所示。

② 用【偏移】命令 （或输入快捷命令 "O"），绘制内部线条。钢板的厚度可不按比例绘制，但外部尺寸应按比例要求绘制。尽量以表现清楚为原则。所得图像见图 9-130。

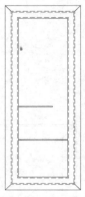

图 9-129　绘制进风消声箱（一）　　　　　**图 9-130**　绘制进风消声箱（二）

③ 绘制周围螺栓孔：先采用【直线】命令或【偏移】等命令绘出螺栓孔的轴线，然后用【圆】命令绘制螺栓孔，见图 9-131。

④ 进风消声箱剖面：用直线、偏移等命令绘制进风消声箱的剖面图，见图 9-132。

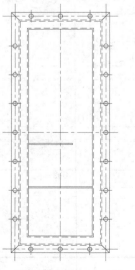

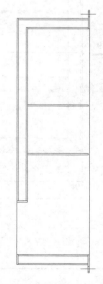

图 9-131　绘制进风消声箱（三）　　　　　**图 9-132**　绘制进风消声箱（四）

⑤ 填充剖面图：点击【填充】命令 （或输入快捷命令"H"），出现填充对话框，见图9-133。

点击【图案填充】按钮，出现图案选择对话，见图9-134。

图 9-133　填充命令

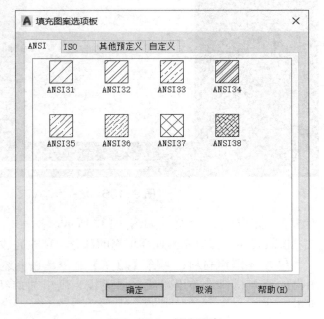

图 9-134　填充图案

选择第一个填充图案"ANSI31"，并确定。

在【图案填充】对话框内输入填充比例，可按需要调整填充比例，以使显示清晰。

在【图案填充】对话框内点击 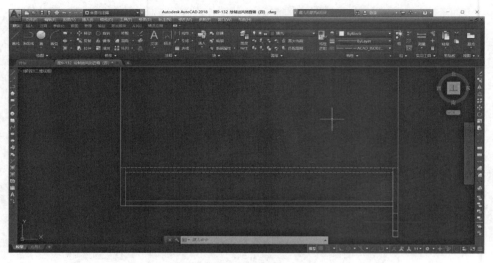 添加:拾取点(K)，然后用鼠标选择需要填充的边界内部，见图9-135。

图 9-135　填充操作（一）

按【回车】键后，再点击图案填充对话框的【确定】，见图9-136。

图 9-136　填充操作（二）

填充完成后CAD界面如图9-137所示。

按照同样步骤填充其他需填充的部分，填充完成后如图9-138所示。

⑥ 填充隔声材料：点击【填充】命令，按上述步骤填充进风消声箱剖面图内的消声材料，并用粗线（多段线）画出玻璃纤维布，完成后如图9-139所示。

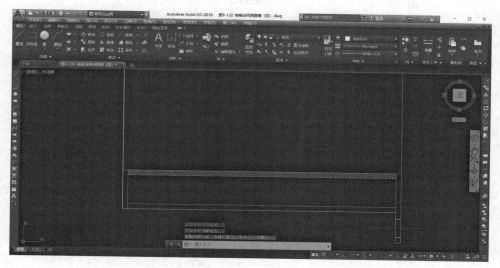

图 9-137　填充操作（三）

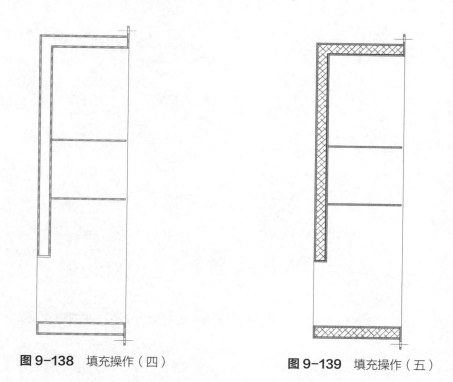

图 9-138　填充操作（四）　　　　　　**图 9-139**　填充操作（五）

9.6.3.2　按上述类似方法绘制其他顶板、墙①、墙②、墙③，以及排气消声箱设计图

标注尺寸及说明文字：

用尺寸标注命令■、连续标注命令■、半径标注命令○等标注。所有的标注命令可在菜单栏内找出（参照氧化沟绘图部分，即第 9.3 节中相应内容）。用单行文字命令■，对需要注明的材料或需说明的事项加以说明。完成后进风消声箱见图 9-123。

二维码9-3　第9章
在线习题

10　三维绘图基础

行路难，行路难，多歧路，今安在？

长风破浪会有时，直挂云帆济沧海。

——《行路难》

10.1　三维观察模式

使用动态观察器可以在当前视口创建一个三维视图，使用鼠标可以实时控制和改变这个视图，从而得到不同的观察效果。

（1）受约束的动态观察　输入命令"3DRBIT"或者"3DO"。

菜单：【视图】-【动态观察】-【受约束的动态观察】。

执行该命令后，视图的目标保持静止，而视点将围绕目标移动。从用户的视点看起来就像三维模型正在随着鼠标光标拖动而旋转。

（2）自由动态观察　输入命令"3DRBIT"或者"3DO"。

菜单：【视图】-【动态观察】-【自由动态观察】。

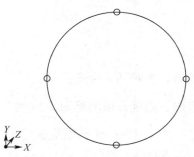

图 10-1　使用动态观察器查看

执行该命令后，当前视口出现一个绿色的转盘，上边有 4 个绿色的小圆。此时通过拖动鼠标就可以对视图进行旋转观测，如图 10-1 所示。

（3）连续动态观察　输入命令"3DRBIT"或者"3DO"。

菜单：【视图】-【动态观察】-【连续动态观察】。

执行该命令后，界面出现动态观察图标，按住鼠标左键拖动，图形按照鼠标拖动方向旋转，旋转速度为鼠标拖动速度。

10.2　相机的设置

在三维空间内观察图形对象时，使用"CAMERA"命令，可以查看对象的相机位置和目标位置从而确定观察对象的视角。相机与动态观察的不同之处在于：动态观察是视点相对于对象位置发生变化，而相机观察是视点相对于对象位置不发生变化。

（1）创建相机　输入命令"CAMERA"。

菜单：【视图】-【创建相机】。

执行该命令后，可以在视图中创建相机，当指定了相机位置和目标位置后，命令行显示如下提示信息。

输入选项［?/ 名称 (N)/ 位置 (LO)/ 高度 (H)/ 目标 (T)/ 镜头 (LE)/ 剪裁 (C)/ 视图 (V)/ 退出 (X)］＜退出＞：

在该命令提示下，可以指定所创建的相机名称、相机位置、高度、目标位置、镜头长度、剪裁方式以及是否切换到相机视图。

（2）相机预览　在视图中创建了相机后，当选中相机时，将打开【相机预览】窗口。其中，在预览框中显示了使用相机观察到的视图效果。在【视觉样式】下拉列表框中，可以设置预览窗口中图形的三维隐藏、三维线框、概念、真实等视觉样式。

（3）运动路径动画　通过菜单中的【视图】-【运动路径动画】，创建相机沿路径运动观察图形的动画，此时将打开【运动路径动画】对话框。

在【运动路径动画】对话框中，【相机】选项组用于设置相机链接到的点或路径，使相机位于指定点观测图形或沿路径观察图形；【目标】选项组用于设置相机目标链接到的点或路径；【动画设置】选项组用于设置动画的帧频、帧数、持续视觉、分辨率、动画输出格式等选项。

当设置完动画选项后，单击【预览】按钮，将打开【动画预览】窗口，可以预览动画播放效果。

10.3　漫游和飞行

使用漫游和飞行设置，可以产生一种在 XY 平面行走或飞越的视图观察效果。选择菜单中的【视图】-【漫游和飞行】，打开【漫游和飞行设置】对话框，可以设置显示指令窗口的时机、窗口显示的时间，以及当前图形设置的步长和每秒步数。

10.4　用户坐标系（UCS）

二维码10-1　三维坐标系

AutoCAD 使用的是笛卡尔坐标系。AutoCAD 的直角坐标系有世界坐标系（WCS）和用户坐标系（UCS）两种。其中合理地创建 UCS 可以方便地创建三维模型。

在 AutoCAD 中，三维世界坐标系是在二维工作平面的基础上，根据右手定则增加 Z 轴而形成的。三维世界坐标系是其他三维坐标系的基础，不能对其重新定义。

但在绘制三维图形时，只依靠固定坐标轴不能完全解决问题，这时候可以采用用户坐标系 UCS。使用 UCS 可以更直观、方便、快捷、有效地绘制三维立体图形，为输入坐标、操作平面和观察提供了一种可变动的坐标系。

10.4.1　创建 UCS 坐标

在 AutoCAD 中，选择菜单中【工具】-【新建 UCS】命令，利用它的子命令可以方便地创建 UCS，包括世界和对象等，如图 10-2 所示。

图 10-2　UCS 工具栏

10.4.2　UCS 坐标的命名、正交及设置

选择【工具】-【命名 UCS】命令，打开【UCS】对话框，单击【命名 UCS】标签以打开其选项卡，可以命名、正交及设置 UCS 坐标，也可以单击【详细信息】按钮，在【UCS 详细信息】对话框中查看坐标

系的详细信息，如图 10-3、图 10-4 所示。

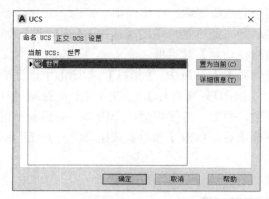

图 10-3　UCS 对话框

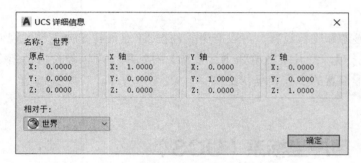

图 10-4　当前坐标信息

选择菜单中【工具】-【命名 UCS】的命令，打开【UCS】对话框，在【正交 UCS】选项卡中的【当前 UCS】列表中选择需要使用的正交坐标系，如俯视、仰视、左视、右视、前视和后视等，见图 10-5。

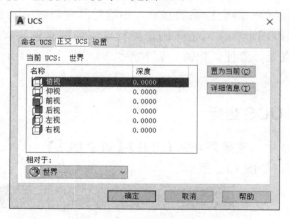

图 10-5　正交 UCS 选项

AutoCAD 中，可以通过选择【视图】-【显示】-【UCS 图标】子菜单中的命令，来控制坐标系图标的可见性及显示方式。

【开】命令：选择该命令可以在当前视口中打开 UCS 图符显示；取消该命

令则可在当前视口中关闭 UCS 图符显示。

【原点】命令：选择该命令可以在当前坐标系的原点处显示 UCS 图符；取消该命令则可以在视口的左下角显示 UCS 图符，而不考虑当前坐标系的原点。

【特性】命令：选择该命令可打开【UCS 图标】对话框，可以设置 UCS 图标样式、大小、颜色及布局选项卡中的图标颜色。

此外，在 AutoCAD 中，还可以使用 UCS 对话框中的【设置】选项卡，对 UCS 图标或 UCS 进行设置。

10.5　三维空间中的点坐标

选择【绘图】-【点】命令，或在【绘图】工具栏中单击【点】按钮，然后在命令行中直接输入三维坐标即可绘制三维点，如图 10-6 所示。

由于三维图形对象上的一些特殊点，如交点、中点等不能通过输入坐标的方法来实现，因此可以采用三维坐标下的目标捕捉法来拾取点。

二维图形方式下的所有目标捕捉方式在三维图形环境中可以继续使用。不同之处在于，在三维环境下只能捕捉三维对象的顶面和底面的一些特殊点，而不能捕捉柱体等实体侧面的特殊点，即在柱状体侧面竖线上无法捕捉目标点，因为主体的侧面上的竖线只是帮助显示的模拟曲线。在三维对象的平面视图中也不能捕捉目标点，因为在顶面上的任意一点都对应着底面上的一点，此时的系统无法辨别所选的点究竟在哪个面上。

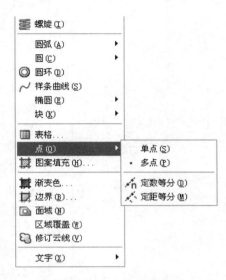

图 10-6　绘制点命令

10.6　绘制三维直线和样条曲线

两点决定一条直线。当在三维空间中指定两个点后，如点 (0,0,0) 和点 (1,1,1)，这两个点之间的连线即是一条 3D 直线。

同样，在三维坐标系下，使用【绘图】-【样条曲线】命令，可以绘制复杂 3D 样条曲线，这时定义样条曲线的点不是共面点。例如，经过点 (0,0,0)、(5,5,5)、(0,0,10)、(-10,-10,20)、(0,0,50) 和 (5,5,60) 绘制的样条曲线，如图 10-7 所示。

图 10-7　绘制样条曲线

10.7   创建三维线框模型

线框模型是 AutoCAD 三维对象中最简单的对象，它只画出了空间物体的轮廓，可以在三维空间中移动和旋转，是真正的三维模型。由于它只是线框，不能消隐，因而在判断线框模型上各个线框所代表的面的距离远近时有困难。创建线框模型时只需在三维空间放置各个二维对象即可，与绘制二维平面图相似，只是在输入坐标时需要指定 Z 轴的值。AutoCAD 还提供了专用三维线框模型绘制工具——三维多段线。

在二维坐标系下，使用【绘图】-【多段线】命令绘制多段线时，尽管各线条可以设置宽度和厚度，但它们必须共面。三维多段线的绘制过程和二维多段线基本相同，但其使用的命令不同，另外在三维多段线中只有直线段，没有圆弧段。选择【绘图】-【三维多段线】命令 (3DPOLY)，此时命令行提示依次输入不同的三维空间点，以得到一个三维多段线，如图 10-8 所示。

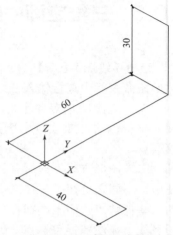

图 10-8   三维多段线

除此之外，也可以在二维对象的基础上通过设置其标高与厚度创建出三维模型。其中，标高是指将要绘制的图像的起始平面与当前 UCS 坐标系的 XY 平面的垂直距离，厚度是指所绘图形对象沿 Z 轴方向拉伸的厚度。在创建矩形时，可以直接在命令行的提示信息下选择【标高】与【厚度】选项来创建三维模型，如果绘制的是其他的二维对象，则需要通过【ELEV】命令进行。

10.8   创建和修改基本的三维实体模型

10.8.1   创建三维实体模型

三维实体模型表示整个对象的体积。可创建的实体包括长方体、球体、圆柱体、圆锥体、楔体、圆环体等。选择菜单中【绘图】-【建模】-【多实体】的命令 (POLYSOLID)，可以创建实体或将对象转换为实体。绘制多实体时，命令行显示如下提示信息。

指定起点或 [对象 (O)/ 高度 (H)/ 宽度 (W)/ 对正 (J)] ＜对象＞:

选择【高度】选项，可以设置实体的高度；选择【宽度】选项，可以设置实体的宽度；选择【对正】选项，可以设置实体的对正方式，如左对正、居中和右对正，默认为居中对正。当设置了高度、宽度和对正方式后，可以通过指定点来绘制多实体，也可以选择【对象】选项将图形转换为实体。

10.8.1.1　绘制长方体

选择菜单中【绘图】-【建模】-【长方体】的命令 (BOX)，或在【建模】工具栏中单击【长方体】按钮，都可以绘制长方体，如图 10-9 所示。

10.8.1.2　绘制楔体

选择菜单中【绘图】-【建模】-【楔体】的命令（WEDGE）。虽然创建长方体和楔体的命令不同，但创建方法却相同，因为楔体是长方体沿对角线切成两半后的结果，如图 10-10 所示。

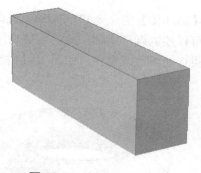

图 10-9　长方体

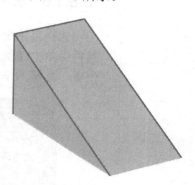

图 10-10　楔体

10.8.1.3　创建圆锥体

选择菜单中【绘图】-【建模】-【圆锥体】的命令 (CONE)，或在【建模】工具栏中单击【圆锥体】按钮，即可绘制圆锥体或椭圆形锥体，如图 10-11 所示。

10.8.1.4　球体

选择菜单中【绘图】-【建模】-【球体】的命令 (SPHERE)，或在【建模】工具栏中单击【球体】按钮，都可以绘制球体，如图 10-12 所示。

图 10-11　圆锥体

图 10-12　球体

在命令行的"指定中心点或[三点(3P)/两点(2P)/相切、相切、半径(T)]:"提示信息下指定球体的球心位置。

在命令行的"指定半径或[直径(D)]:"提示信息下指定球体的半径或直径。

绘制球体时可以通过改变"ISOLINES"变量，来确定每个面上的线框密度。

10.8.1.5　圆柱体

选择菜单中【绘图】-【建模】-【圆柱体】的命令(CYLINDER)，或在【建模】工具栏中单击【圆柱体】按钮，可以绘制圆柱体或椭圆柱体，如图10-13所示。

10.8.1.6　圆环体

选择菜单中【绘图】-【建模】-【圆环体】的命令(TORUS)，或在【建模】工具栏中单击【圆环体】按钮，都可以绘制圆环实体，此时需要指定圆环的中心位置、圆环的半径或直径，以及圆管的半径或直径，如图10-14所示。

图 10-13　圆柱体　　　　　　　　**图 10-14**　圆环体

10.8.1.7　拉伸实体

三维实体不仅可以通过图素建立，也可以通过对二维图形的拉伸或旋转产生。在已有二维平面图形、已知曲面立体轮廓线的情况下，或立体包含圆角以及用其他普通剖面很难制作的细部图时，通过拉伸和旋转操作产生三维实体非常方便。

选择菜单中【绘图】-【建模】-【拉伸】的命令(EXTRUDE)，可以将2D对象沿Z轴或某个方向拉伸成实体。拉伸对象被称为断面，可以是任何2D封闭多段线、圆、椭圆、封闭样条曲线和面域，多段线对象的顶点数不能超过500个且不小于3个。

默认情况下，可以沿Z轴方向拉伸对象，这时需要指定拉伸的高度和倾斜角度。其中，拉伸高度值可以为正或为负，它们表示了拉伸的方向。拉伸角度也可以为正或为负，其绝对值不大于90°，默认值为0°，表示生成的实体的侧面垂直于XY平面，没有锥度。拉伸角度如果为正，将产生内锥度，生成的侧面向里靠；如果为负，将产生外锥度，生成的侧面向外。图10-15为将2D对象拉伸成长方体。

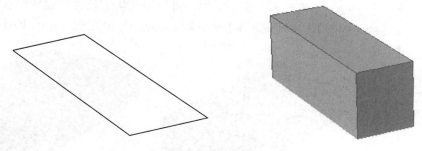

图 10-15 拉伸实体

10.8.1.8　旋转实体

在 AutoCAD 中，可以使用菜单中【绘图】-【建模】-【旋转】的命令 (REVOLVE)，将二维对象绕某一轴旋转生成实体。用于旋转的二维对象可以是封闭多段线、多边形、圆、椭圆、封闭样条曲线、圆环及封闭区域。三维对象、包含在块中的对象、有交叉或自干涉的多段线不能被旋转。每次只能旋转一个对象。

选择【绘图】-【建模】-【旋转】的命令，并选择需要旋转的二维对象后，通过指定两个端点来确定旋转轴，如图 10-16 所示。

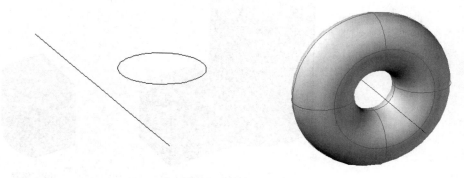

图 10-16 旋转实体

10.8.1.9　布尔运算

对三维实体可以进行布尔运算编辑操作，来得到所需要的图形。方法有并集、差集和交集。

（1）并集　通过并集可以将两个或两个以上的相交的面域或相交的实体操作成为一个整体。通过菜单中的【修改】-【实体编辑】-【并集】（Union）进行并集计算，如图 10-17 所示。

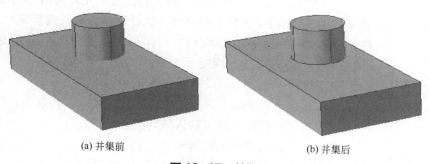

(a) 并集前　　　　　　　　　　　　　　(b) 并集后

图 10-17 并集

（2）差集　和并集相类似，可以用差集创建组合面域或实体。通过菜单中的【修改】-【实体编辑】-【差集】（Subtract）来完成，如图 10-18 所示。

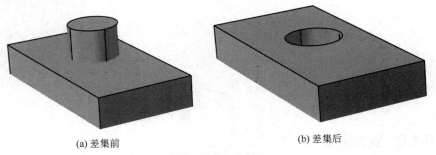

（a）差集前

（b）差集后

图 10-18　差集

（3）交集　和并集与差集一样，可以用交集来产生多个面域或实体相交的部分。通过调用菜单中的【修改】-【实体编辑】-【交集】（Intersect）完成，如图 10-19 所示。

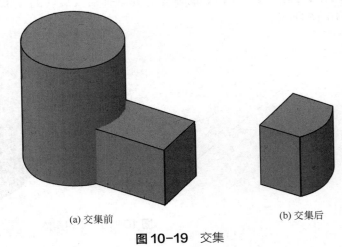

（a）交集前

（b）交集后

图 10-19　交集

10.8.2　修改三维实体模型

10.8.2.1　倒角和圆角实体

（1）倒角　对二维图形和三维实体进行倒角。其命令为【Chamfer】或调用菜单中的【修改】-【倒角】的命令。执行该命令后，选择第一条直线或［多段线 (P)/ 距离 (D)/ 角度 (A)/ 修剪 (T)/ 方式 (M)/ 多个 (U)]，这时选取要倒角的三维实体的边，AutoCAD 继续提示如下。

　　基面选择…
　　输入曲面选择选项［下一个 (N)/ 当前 (OK)]＜当前＞：
　　指定基面的倒角距离＜默认值＞：
　　指定其他曲面的倒角距离 ＜默认值＞：
　　填入相应数据，完成倒角，如图 10-20 所示。

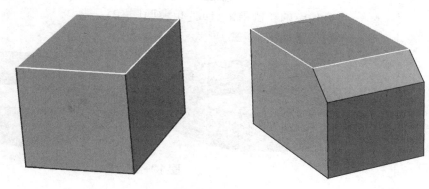

图 10-20　倒角

（2）圆角　对二维图形和三维实体进行倒圆角。其命令为【Fillet】，或通过菜单中的【修改】-【圆角】命令。执行该命令后，AutoCAD 依次提示如下。

当前设置：模式 = 修剪，半径 = 50.0000

选择第一个对象或 [多段线 (P)/ 半径 (R)/ 修剪 (T)/ 多个 (U)]：

选取需要倒角的三维实体的边，AutoCAD 继续提示如下。

输入圆角半径 <50.0000>：

输入圆角的半径值，AutoCAD 继续提示如下。

选择边或 [链 (C)/ 半径 (R)]：

输入或修改相应数值，完成圆角，如图 10-21 所示。

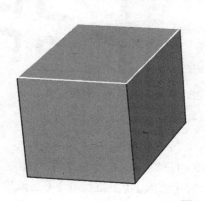

图 10-21　圆角

10.8.2.2　剖切三维实体

（1）剖切　可以用平面剖切一组实体从而将该组实体分成两部分或去掉其中一部分。其命令为【Slice】或调用菜单中的【修改】-【三维操作】-【剖切】命令。

执行命令后，AutoCAD 依次提示如下。

选择对象：

选择对象：指定切面上的第一个点，依照 [对象 (O)/Z 轴 (Z)/ 视图 (V)/XY 平面 (XY)/YZ 平面 (YZ)/ZX 平面 (ZX)/ 三点 (3)] <三点>：

指定平面上的第二个点：

指定平面上的第三个点：

在要保留的一侧指定点或[保留两侧(B)]:

剖切效果如图 10-22 所示。

图 10-22　剖切

（2）切割　通过切割命令用户可以在指定的位置获得立体的断面。其命令为【Section】或调用菜单中的【绘图】-【实体】-【截面】命令。

执行命令后，AutoCAD 依次提示如下。

选择对象:

选择对象: 指定截面上的第一个点，依照[对象(O)/Z 轴(Z)/ 视图(V)/XY 平面(XY)/YZ 平面(YZ)/ZX 平面(ZX)/ 三点(3)]<三点>:

指定平面上的第二个点:

指定平面上的第三个点:

效果如图 10-23 所示。

截面线

图 10-23　三维实体及其剖分后效果

10.8.2.3　三维旋转

AutoCAD 用户可以在二维和三维空间中令某对象绕指定轴旋转。其命令为【Rotate3D】或调用菜单中的【修改】-【三维操作】-【三维旋转】命令。执行该命令后，AutoCAD 依次显示如下。

当前正向角度: ANGDIR= 逆时针 ANGBASE=0

选择对象:

指定轴上的第一个点或定义轴依据[对象(O)/ 最近的(L)/ 视图(V)/X 轴(X)/Y 轴(Y)/Z 轴(Z)/ 两点(2)]:

指定轴上的第二点:

指定旋转角度或[参照(R)]:

10.8.2.4　三维镜像

在三维空间中可以完成某对象绕指定面进行镜像。其命令为【Mirror3D】或调用菜单:【修改】-【三维操作】-【三维镜像】命令。执行该命令后，

AutoCAD 依次显示如下。

选择对象：

指定镜像平面 (三点) 的第一个点或 [对象 (O)/ 最近的 (L)/Z 轴 (Z)/ 视图 (V)/XY 平面 (XY)/YZ 平面 (YZ)/ZX 平面 (ZX)/ 三点 (3)] ＜三点＞：

在镜像平面上指定第二点：

在镜像平面上指定第三点：

是否删除原对象？ [是 (Y)/ 否 (N)] ＜否＞：

10.8.2.5 三维阵列

在三维空间中可以令某对象绕指定轴旋转。其命令为【3DArray】或调用菜单中的【修改】-【三维操作】-【三维阵列】命令。执行该命令后，AutoCAD 依次显示如下。

选择对象：

输入阵列类型 [矩形 (R)/ 环形 (P)] ＜矩形＞：

分别输入行数、列数和层数。

分别指定行间距、列间距和层间距。

或者输入阵列类型 [矩形 (R)/ 环形 (P)] ＜环形＞：

输入阵列中的项目数目：

指定要填充的角度 (+= 逆时针，-= 顺时针) ＜360＞：

旋转阵列对象？ [是 (Y)/ 否 (N)] ＜是＞：

指定阵列所需要的项目数目和填充的角度，AutoCAD 继续显示如下。

指定阵列的中心点：

指定旋转轴上的第二点：

环形阵列如图 10-24 所示。

图 10-24 环形阵列

10.9 渲染

通过渲染可以创建具有真实效果的三维图像，它是输出图像前的关键步骤，尤其是在效果图的设计中。

（1）设置光源　输入命令"LIGHT"。

菜单：【视图】-【渲染】-【光源】，如图 10-25 所示。

执行该命令后，可以通过不同的光源对三维图像进行渲染，使其能够更真实地表达图形的特色。

图 10-25　设置光源

（2）环境设置　输入命令"RENDERPRESETS"。

菜单：【视图】-【渲染】-【高级渲染设置】。

执行该命令后弹出【渲染设置】对话框，可以从中设置渲染环境的有关参数，如图 10-26 所示。

（3）渲染环境和曝光

输入命令"RENDERENVIRONMENT"。

功能区上方的　【可视化】-【渲染】- 扩展窗口中的【渲染环境和曝光】。

执行该命令后弹出【渲染环境和曝光】对话框，可从中设置渲染环境参数，如图 10-27 所示。

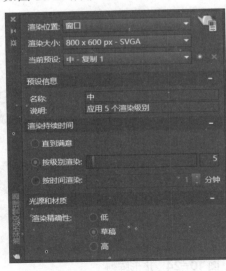

图 10-26　渲染设置　　　　**图 10-27**　渲染环境和曝光

（4）材质选择

① 附着材质。附着材质是把图像当成一种材质附着在三维模型上。具体

步骤如下。

　　a. 执行菜单：【视图】-【渲染】-【材质编辑器】。打开【材质编辑器】对话框，如图 10-28 所示。在【材质编辑器】对话框可设置图像和材质参数。

　　b. 在【材质编辑器】对话框左下角选择【创建或复制材质】按钮 ，选择创建或复制的材质，也可以新建常规材质，如图 10-29 所示。

　　② 贴图样式。材质有"固定比例"和"按对象缩放"两种贴图方式。按"固定比例"贴图，材质图像只能平铺到曲面边界而不能拉伸。"按对象缩放"贴图，可以根据真实的表面边界附着材质，材质图像可以拉伸或缩放从而贴满整个对象。

图 10-28　材质编辑器

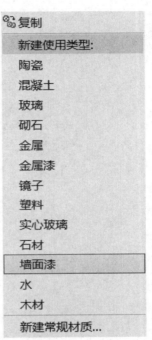

图 10-29　创建新材质

二维码10-2　第10
章在线习题

11 CAD 绘制三维图形实训

百川东到海，何时复西归？少壮不努力，老大徒伤悲！

——《长歌行》

11.1 雨伞

二维码11-1 雨伞的
绘制

① 先绘制一个边长为 20 的八边形，如图 11-1 所示。

② 将视图转为西南等轴测视图，作八边形的一条对角线，并从中心处画长为 12 的垂线，如图 11-2 所示。

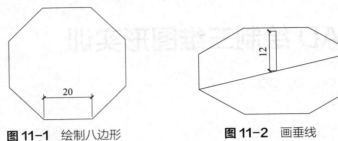

图 11-1 绘制八边形   图 11-2 画垂线

③ 利用三点坐标将坐标轴转为如图 11-3 所示坐标轴，并绘制曲线，同时将其中一半去掉。

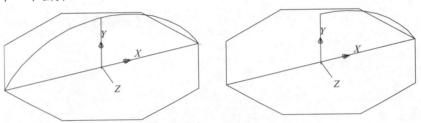

图 11-3 绘制圆弧（一）

④ 复制圆弧，如图 11-4 所示。

⑤ 回到俯视图，绘制圆弧，并将其打断，形成两段，如图 11-5 所示。

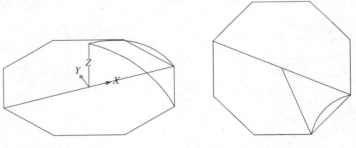

图 11-4 复制圆弧   图 11-5 绘制圆弧（二）

⑥ 回到西南等轴测视图，点击【绘图】-【建模】-【网格】-【边界网格】，再点击【曲线边界】，形成如图 11-6 所示的网格图形。

⑦ 通过阵列命令完成伞顶部分的模型创建，如图 11-7 所示。

⑧ 接下来创建伞柄部分，绘制一个正六边形，边长为 1.5，选择【绘图】-【建模】-【拉伸】，绘制结果如图 11-8 所示。

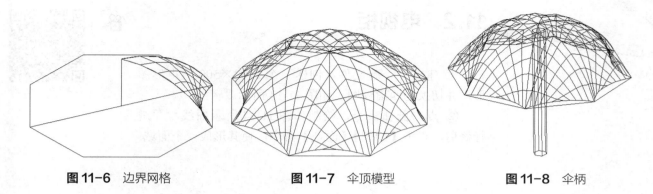

图 11-6　边界网格　　　　　　图 11-7　伞顶模型　　　　　　图 11-8　伞柄

⑨ 绘制一个圆柱作为伞把，边长为 2，选择【绘图】-【建模】-【拉伸】，然后将伞把部分进行圆角与抽壳，调出实体编辑菜单，并点击【抽壳】命令进行操作，结果如图 11-9 所示。

图 11-9　伞把效果

⑩ 将伞把与伞柄连接起来，形成伞的模型，选择概念视觉样式，如图 11-10 所示。

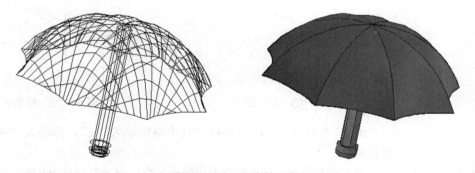

图 11-10　雨伞效果图

雨伞渲染成图效果见图 11-11 和图 11-12。

图 11-11　雨伞渲染成图效果（一）

图 11-12　雨伞渲染成图效果（二）

11.2　电视柜

二维码11-2　电视柜
的绘制

① 建立一个新文件，创建一个 2100×500 的矩形图形，并切换为西南视图，如图 11-13 所示。

② 点击圆弧命令，绘制如图 11-14 所示曲线，并进行修剪，点击【绘图】-【面域】命令，使其形成一个面域。

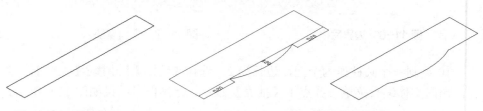

图 11-13　绘制矩形　　　　　图 11-14　绘制曲线并形成面域

③ 点击【复制】命令，将面域沿 Z 轴向上复制到 525 单位处，如图 11-15 所示。

④ 点击【绘图】-【建模】-【长方体】命令，分别绘制 500×425×525 和 480×20×240 的长方体，如图 11-16 所示。

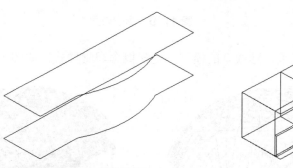

图 11-15　复制图形　　　　　图 11-16　绘制长方体

⑤ 输入命令"ucs"，在命令行中继续输入"x"，再输入"90"，设置新的坐标系。

点击复制命令，沿 y 轴将下边的小长方体向上复制到 260 处，如图 11-17 所示。

⑥ 点击【修改】-【三维操作】-【三维镜像】，选择三个长方体，在命令行输入"yz"并回车，然后捕捉上表面圆弧的中点，对其进行镜像处理，如图 11-18 所示。

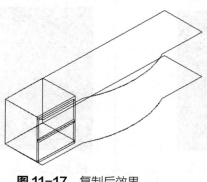 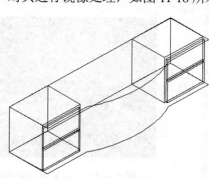

图 11-17　复制后效果　　　　　图 11-18　镜像后效果

⑦ 点击【绘图】-【建模】-【长方体】，绘制 1060×25×450 的长方体，如图 11-19 所示。

⑧ 点击【绘图】-【建模】-【拉伸】，将上、下底面分别向外拉伸 30 个单位和 60 个单位，如图 11-20 所示。

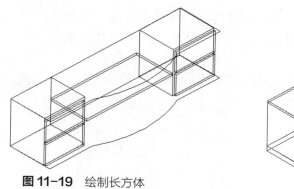

图 11-19　绘制长方体

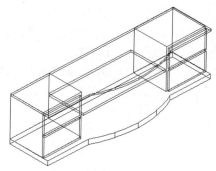

图 11-20　拉伸后效果

⑨ 点击【修改】-【圆角】，分别选择上、下表面边缘进行倒圆角，半径为 20，如图 11-21 所示。

⑩ 将当前视图切换为东南视图，并执行【视图】-【消隐】命令，如图 11-22 所示。

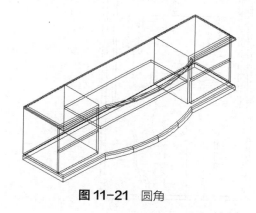

图 11-21　圆角

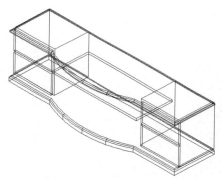

图 11-22　消隐

⑪ 最后选择【概念视觉样式】，如图 11-23 所示。

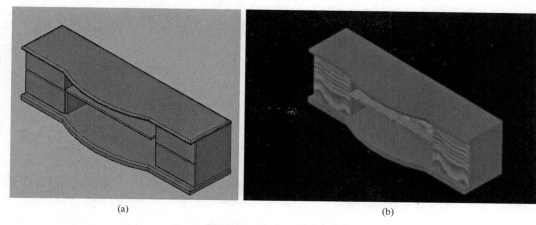

(a)　　　　　　　　　　　　(b)

图 11-23　电视柜效果图

11.3　凉亭景观图

　　① 打开"CAD 平面图 .dwg"文件，这是一个简单的平面规划图，将其另存为一个新的图形文件，如图 11-24 所示。

　　② 将视图变为东南等轴测图，如图 11-25 所示。

二维码11-3　景观图底图、树木图块和凉亭图集

二维码11-4　三维绘图实例——凉亭

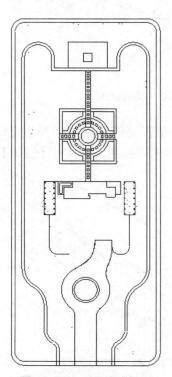

图 11-24　平面规划图

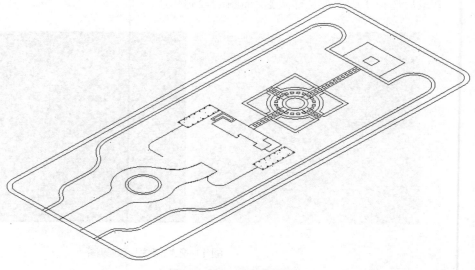

图 11-25　东南等轴测图

③ 新建一个名为"三维轮廓"的图层，并将其设为当前图层，如图 11-26 所示。

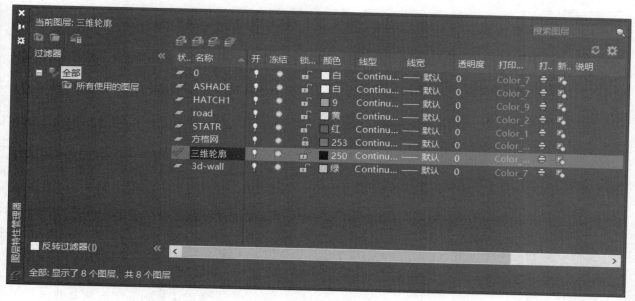

图 11-26 设置图层

④ 使用【多段线】工具，打开【对象捕捉】模式，重新描绘四周的轮廓线，并用其生成面域，使用【拉伸】工具，将其拉伸为实体，高度为 1800，倾斜角度为 0°，如图 11-27 所示。

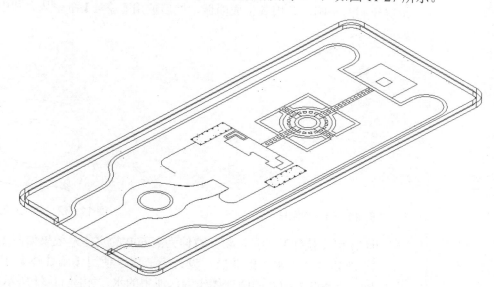

图 11-27 拉伸后效果图

⑤ 在大门处使用【长方体】工具绘制一个上下表面积均为 600×600、高为 75 的长方体，向下移动一定的距离，如图 11-28 所示。

⑥ 在这个长方体上再绘制一个上下表面积均为 450×450、高为 75 的长方体，打开【对象追踪】模式，将其与原来的长方体中心相对应，如图 11-29 所示。

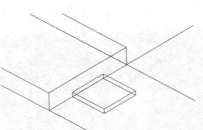

图 11-28　绘制长方体（一）

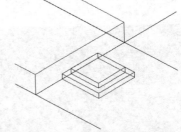

图 11-29　绘制长方体（二）

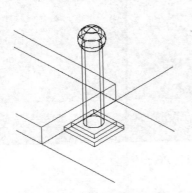

图 11-30　绘制圆柱与球体

⑦ 使用【圆柱体】工具，以长方体中心为圆心绘制一个直径为 300、高度为 1500 的圆柱体。然后使用球体命令，以圆柱体顶面的圆心为球心，绘制一个直径为 400 的球。接下来使用【并集】工具，将下边两个长方体合为一个实体，上边的圆柱与球体合为一个实体，如图 11-30 所示。

⑧ 使用【复制】工具将其复制到另一侧，如图 11-31 所示。

⑨ 新建一个名为"水池轮廓"的图层，设为当前图层，按照平面规划图，在水池的位置绘制两个圆，并用其生成面域，然后使用【差集】命令从大圆中减去小圆，如图 11-32 所示。

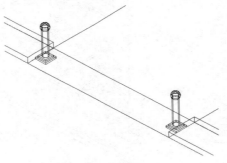

图 11-31　复制柱子

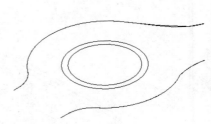

图 11-32　绘制水池

⑩ 使用【拉伸】工具，将其拉伸为高 600 的实体，效果如图 11-33 所示。

⑪ 新建一个"水"的图层，设为当前层，使用【圆柱体】工具，在水池内绘制一个高度为 300 的圆柱体作为水池中的水，如图 11-34 所示。

⑫ 新建一个名为"花架"的图层，设为当前层，使用【长方体】工具，依据平面图中部的方格绘制一个高度为 1900 的长方体，并使用【复制】工具复制多个柱子，如图 11-35 所示。

⑬ 在两根柱子之间中点位置处绘制一条线段，然后使用【偏移】工具，将线段分别向两侧偏移 250，得到两条线段。再次使用直线工具，捕捉最初

绘制的那条线段的中点，绘制一条线段，使用【偏移】工具，将线段分别向两侧偏移 2000，修剪图形，将多余的线条删除，形成一个矩形，如图 11-36 所示。

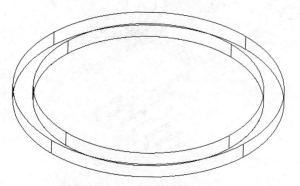

图 11-33 水池拉伸后效果

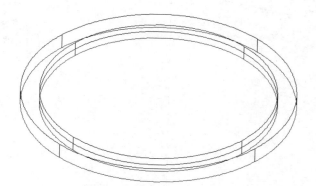

图 11-34 绘制水池中的水

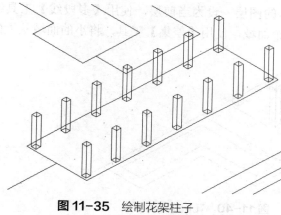

图 11-35 绘制花架柱子

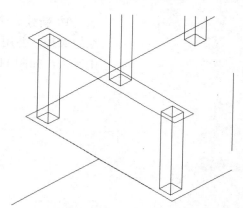

图 11-36 绘制花架顶

⑭ 用这个矩形生成面域，并拉伸为实体，高度为 100，如图 11-37 所示。

⑮ 使用【复制】工具，将其复制多个，如图 11-38 所示。

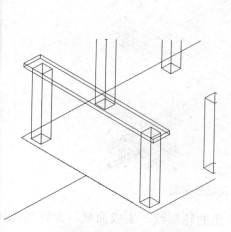

图 11-37 花架顶实体图

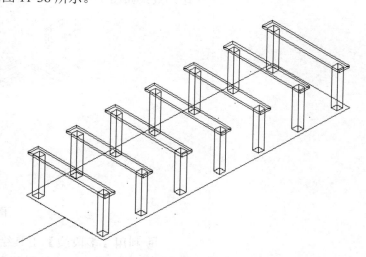

图 11-38 单排花架效果图

⑯ 将这些架子复制到另外一侧，如图 11-39 所示。

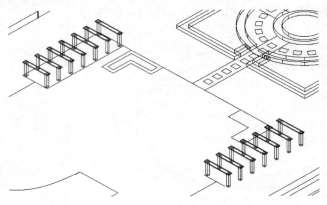

图 11-39　花架整体效果图

⑰ 新建一个"花坛"的图层，设为当前层，使用【多段线】工具绘制花坛轮廓线，并用其生成两个面域，使用【差集】工具，将小的面域从大的面域中减去，如图 11-40 所示。

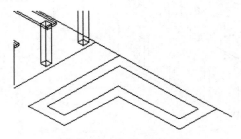

图 11-40　花坛底部轮廓线

⑱ 使用【拉伸】工具，将面域拉成实体，高度为 300，同样绘制另一侧花坛，效果如图 11-41 所示。

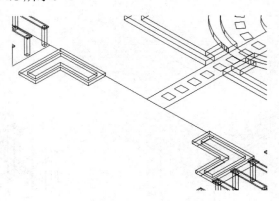

图 11-41　花坛效果图

⑲ 利用【多段线】工具绘制广场一角的轮廓线，生成面域，并将其拉伸为实体，高度为 500，倾斜角度为 0，如图 11-42 所示。

⑳ 使用【阵列】工具，选择刚刚拉伸的实体，以中间圆为圆心进行环形阵列，如图 11-43 所示。

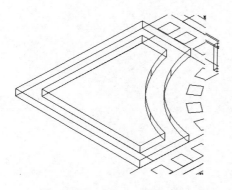

图11-42　广场边角实体图

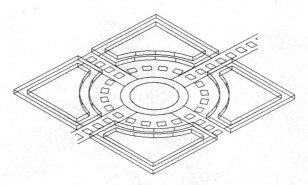

图11-43　广场边缘效果图

㉑ 在广场中心处，绘制两个圆形，形成环形面域，将其拉伸为实体，高度500，如图11-44所示。

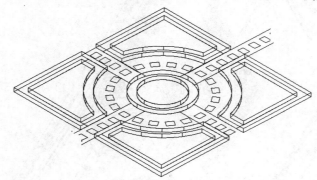

图11-44　广场效果图

㉒ 插入外部三维图块，插入新图层，命名为"凉亭"，并设为当前层，使用【插入块】命令，从二维码中找到"凉亭.dwg"的图块，并移动到图中合适的位置，如图11-45所示。（凉亭绘图教学视频：扫描二维码"三维绘图实例——凉亭"可得。）

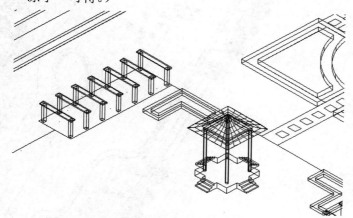

图11-45　插入凉亭图块

㉓ 新建一个"树木"的图层，设为当前层，再次使用【插入块】工具，将"大树块.dwg"的图块插入图中，使用【复制】工具复制多个树，将其放置在别墅周围，同时，将"树木2.dwg""树木3.dwg""树木4.dwg""树木5.dwg""树木6.dwg"插入并复制，将其布置好位置，效果如图11-46所示。着色后凉亭景观效果如图11-47所示。

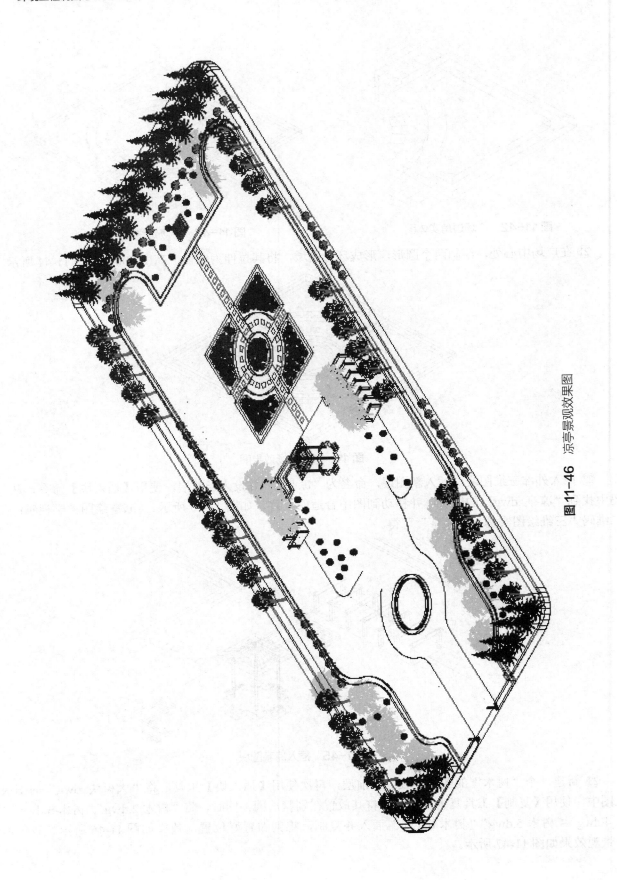

图11-46 凉亭景观效果图

图 11-47　凉亭景观着色效果图

12 环境工程设计绘图操作实例

故不登高山，不知天之高也；不临深溪，不知地之厚也。

——《荀子·劝学》

12.1　环境工程设计概述

二维码12-1　环境工程设计概述

环境工程不是单纯的技术问题，而是与社会经济密切联系，需要综合考虑技术、经济、市场、法律等多方面因素。

环境工程设计则贯穿于整个建设项目的全过程。在项目建设的前期阶段（项目批准立项、可行性研究、环境影响评价、编制设计任务书）、工程设计施工阶段和工程后期（处理设备试运行、测试、工程总结）都必须由环境工程设计人员参与工作。

12.1.1　环境工程设计的任务

环境工程设计的任务是运用工程技术和有关基础科学的原理和方法具体落实和实现环境保护设施的建设，以各种工程设计文件、图纸的形式表达设计人员的思维和设计思想，直到成功建设各种环境污染治理设施、设备，并保证其正常运行，满足环保要求，通过竣工验收。

12.1.2　环境工程设计的内容

① 大气污染防治；
② 水污染防治；
③ 固体废物污染防治；
④ 物理性污染防治。

12.1.3　环境工程设计的原则

（1）工程设计的一般原则　工程设计应遵循技术先进、安全可靠、质量第一、经济合理的原则。

① 设计中要认真贯彻国家的经济建设方针、政策（如产业政策、技术政策、能源政策、环保政策等）。正确处理各产业之间、长期与近期之间、生产与生活之间等各方面的关系。

② 应充分考虑资源的充分利用。要根据技术上的可能性和经济上的合理性，对能源、水资源、土地等资源进行综合利用。

③ 选用的技术要先进适用。在设计中要尽量采用先进、成熟、适用的技术，要符合我国国情，同时要积极吸收和引进国外先进技术和经验，但要符合国内的管理水平和消化能力。所采用的新技术要经过试验而且要有正式的技术鉴定。必须引进国外新技术及进口国外设备的，要与我国的技术标准、原材料供应、生产协作配套、零件维修的供给条件相协调。

④ 工程设计要坚持安全可靠、质量第一的原则。安全可靠是指项目投产后，能长期安全正常生产。

⑤ 坚持经济合理的原则。在我国现有的资源和财力条件下，使项目建设达到项目投资的目标（产品方案、生产规模），取得投资省、工期短、技术经济指标最佳的效果。

（2）环境工程设计的原则　对环境保护设施进行工程设计时，除了要遵循工程设计的一般原则外，还必须遵循以下一些环境工程设计的原则。

① 环境保护设计必须遵循国家有关环境保护的法律、法规，合理开发和充分利用各种自然资源，严格控制环境污染，保护和改善生态环境。

② 与建设项目配套建设的环境保护设施，必须与主体工程同时设计、同时施工、同时投产使用。

③ 环境保护设计必须遵守污染物排放的国家标准和地方标准；在实施重点污染物排放总量控制的区域，还必须符合重点污染物排放总量控制的要求。

④ 进行环境保护设计时应当在工业建设项目中采用能耗物耗少、污染物产生量小的清洁生产工艺，实现工业污染防治从末端治理向生产全过程控制的转变。

12.1.4　环境工程设计的程序

环境工程设计必须按国家规定的设计程序进行，并落实和执行环境工程设计的原则和要求。

（1）项目建议书阶段　项目建议书中应根据建设项目的性质、规模、建设地区的环境现状等有关资料，对建设项目建成投产后可能造成的环境影响进行简要说明。项目建议书中应包括以下内容。

① 所在地区环境；

② 对所在地区可能造成的环境影响分析；

③ 当地环保部门的意见和要求；

④ 存在的问题。

（2）可行性研究阶段　在可行性研究报告书中，应有对环境保护的专门论述，其主要内容如下。

① 建设地区环境状况；

② 主要污染源和主要污染物；

③ 资源开发可能引起的生态变化；

④ 设计采用的环境保护标准；

⑤ 控制污染和生态变化的初步方案；

⑥ 环境保护投资估算；

⑦ 环境影响评价的结论或环境影响分析；

⑧ 存在的问题及建议。

在进行项目可行性研究的同时，应当进行建设项目环境影响评价，建设项目的环境影响评价实际上就是对建设项目在环境方面的可行性研究。建设项目环境影响报告书包括以下内容。

① 建设项目概况；

② 建设项目周围环境状况；

③ 对建设项目对环境可能造成影响的分析和预测；

④ 环境保护措施及其经济、技术论证；

⑤ 环境影响经济损益分析；

⑥ 对建设项目实施环境监测的建议；

⑦ 环境影响评价结论。

（3）工程设计阶段　环保设施的工程设计一般分为初步设计和施工图设计两个阶段。

① 初步设计阶段。建设项目的初步设计必须有环境保护篇（章）具体落实环境影响报告书（表）及其审批意见所确定的各项环境保护措施，包含以下主要内容。

a. 环境保护设计依据；

b. 主要污染源和主要污染物的种类、名称、数量、浓度或强度及排放方式；

c. 规划采用的环境保护标准；

d. 环境保护工程设施及其简要处理工艺流程、预期效果；

e. 对建设项目引起的生态变化所采取的防范措施；

f. 环境管理机构及定员；

g. 环境保护投资概算；

h. 存在的问题及建议。

② 施工图设计阶段。建设项目环境保护设施的施工图设计，必须按已批准的初步设计文件及其环境保护篇（章）所确定的各种措施和要求进行，一般包括以下几个方面。

a. 施工总平面图；

b. 房屋建筑总平面图；

c. 设备安装施工图；

d. 非标准设备加工详图；

e. 设备及各种材料的明细表；

f. 施工图预算。

③ 设计概算和预算的编制。设计概算和预算是设计工作的重要内容，也是设计文件的重要组成部分，它反映了项目设计的经济合理性和技术先进性。设计概算和预算是在不同设计阶段编制的工程经济文件，初步设计阶段要编制设计概算，施工图设计阶段要编制施工图预算。

设计概算：设计概算是根据设计图纸及其说明书、设备与材料清单、概算定额以及各种费用标准和经济指标，用科学方法对工程项目的投资进行估算的文件。设计概算的结果是工程项目的总造价。

设计概算的文件由以下六部分组成。

a. 工程项目概算说明书；

b. 工程项目总概算；

c. 各单项工程的综合概算；

d. 各单位工程的概算；

e. 其他工程和费用概算；

f. 预备费用概算。

施工图预算：施工图预算是根据国家颁发的有关安装工程的预算定额，结合施工图纸，按规定方法计算工程量，套用相应的预算定额及工程取费标准，以及建筑材料及人工费用的市场差价综合形成的建筑安装工程的造价文件。其文件构成与设计概算相同，但要求计算得更为细致和准确。

（4）项目竣工验收阶段　环境保护设施竣工验收可视具体情况与整体工程验收一并进行，也可单独进行。其验收合格应具备下列条件。

① 建设项目建设前期环境保护审查、审批手续完备，技术资料齐全，环境保护设施按批准的环境影响报告书（表）和设计要求建成；

② 环境保护设施安装质量符合国家和有关部门颁发的专业工程验收规范、规程和检验评定标准；

③ 环境保护设施与主体工程建成后经负荷试车合格，其防治污染能力适应主体工程的需要；

④ 外排污染物符合经批准的设计文件和环境影响报告书（表）中提出的要求；

⑤ 建设过程中受到破坏并且可恢复的环境已经得到修整；

⑥ 环境保护设施能正常运转，符合使用要求，并具备运行的条件，包括经培训的环境保护设施岗位操作人员的到位、管理制度的建立、原材料和动力的落实；

⑦ 环境保护管理和监测机构，包括人员、监测仪器、设备、监测制度、管理制度等符合环境影响报告书（表）和有关规定的要求。

12.2　废水处理工程绘图操作实例

二维码12-2　污水处理厂施工图

废水处理工程的设计包括的内容很多，包括工艺流程、总体布置、构筑物、建筑物、给排水、仪表与自动化、电气、暖通、机械等方面。这里主要介绍废水处理工程总图和废水处理构筑物工艺图。

12.2.1　废水处理工程总图

废水处理工程总体布置应包括平面布置和高程布置两方面内容。为确切表达废水处理工程的空间布局，必要时不但要绘制工程的平面图和高程图，还要增绘相应剖面图，此外应有设计和施工要求等说明文字。本书主要介绍废水处理工程总平面图、高程图的阅读、图示特点及其绘制方法。

12.2.1.1　废水处理工程总图的阅读

读废水处理工程总图，一般先粗读总平面图，再逐一对照总平面图和高程图进行详细阅读。

粗读总平面图时要了解整个废水处理工程的概况，如该工程施工坐标系统或者主要构筑物、建筑群轴线与测量坐标系统的关系，该工程进水管和出水管位置与工程所在地的地形地貌的关系，以及辅助建筑物位置与当地常年的主导风向的关系等。然后对照阅读总平面图与高程图，从而了解该工程的处理流程的详细情况，废水处理系统在水平方向和高度方向上的具体布置，以及各构筑物、建筑物的相应位置等。

12.2.1.2　废水处理工程总图的图示特点

废水处理工程的整体布局主要由处理流程及工程所处地形、地势等确定。工程中的构筑物及辅助建筑物必须为处理工艺服务。

（1）废水处理工程总平面图

① 比例及布图方向：废水处理总平面图的比例及布图方向均按工程规模大小，以能清楚显示整个处理工程总体平面布置的原则来选择。图12-1、图12-2厂区平面图的比例是1∶500。

② 建筑总平面图：按建筑总平面图的要求，其应包括以下内容：测量坐标系统、施工坐标系统或主要构筑物、建筑群轴线与测量坐标轴的交角；废水处理流程所涉及的处理构筑物（如曝气池、沉淀池等），设

备用房（如泵房、鼓风机房等）以及主要辅助建筑物（如机修间、办公楼等）的平面轮廓；工程所处地形等高线，地貌（如河流、湖泊等），周围环境（如主要公路、铁路等）以及该地区风玫瑰。厂区总平面图如图 12-1 所示。

③ 管网布置图：该处理站中的主要管道有原水（即未经处理的水）水管、污泥（剩余污泥）管、空气管（渠）、构筑物事故排水管及放空管以及相应的管道图例。厂区管道平面布置图如图 12-2 所示。

④ 图线：管道均画单粗线，构筑物及主要辅助建筑物的平面轮廓线画中粗线，水体、道路及渠道等都画细线。

⑤ 标注：

a. 标注构、建筑物名称：宜将各个构筑物、建筑物名称直接标注在图上。图面无足够位置时，也可编号列表标注。编号宜按生产流程或图面布置有次序地排列，见总平面图（图 12-1）。

b. 标注坐标及定位尺寸：一般来说，构筑物、建筑物位置坐标宜标注其两个角的坐标，或平面尺寸标注相对位置。

c. 标注管道类别代号及编号。

d. 标注标高：总图中应标注工程所有室外设计地面的标高。标高符号宜用三角形表示，形状、大小如图 12-1、图 12-2 所示。

（2）废水处理高程图

① 表达方式：采用沿最主要、最长流程上的废水处理构筑物、设备用房的正剖面简图和单线管道图（渠道用双细线）共同表达废水处理流程及流程的高程变化。

② 比例：按照《给水排水制图标准》(GB/T 50106—2010)，废水处理高程图无比例。

③ 图面布置：如图 12-3 所示，废水处理流程的起点居图左部，自左往右即为该处理流程的水流方向，顺次将沿程的处理构筑物、设备用房的名称注写在相应正剖面简图下方，并习惯在各名称文字下加一粗短线。

若处理流程复杂，除主流程外，还需图示重要的支流程，如污水的预处理流程等，可将局部高程图脱离出来画在图面适当位置。但是在被连接的主、支流程的两个高程图上，须按规定清楚地图示出连接部位和连接编号。

图例一般布置在图下部或右下部，如图 12-3 所示。

④ 图线：无论是重力管还是压力管均用单粗线绘制，废水处理构筑物正剖面简图（将构筑物平行于正立或侧立投影面的剖面图加以简化的图样）、设计地面及各种图例（如水面表示、土壤等）都用细实线画出。

⑤ 标注：

a. 标注标高：废水处理高程图中通常注写绝对标高。一般应标注管渠、水体、处理构筑物和某些设备用房（如泵房）内的水面标高，该流程中主要构筑物的顶标高、底标高以及流程沿途设计地面标高。

b. 标注管道类别代号及编号。

c. 必要的说明文字，例如投料的名称等。

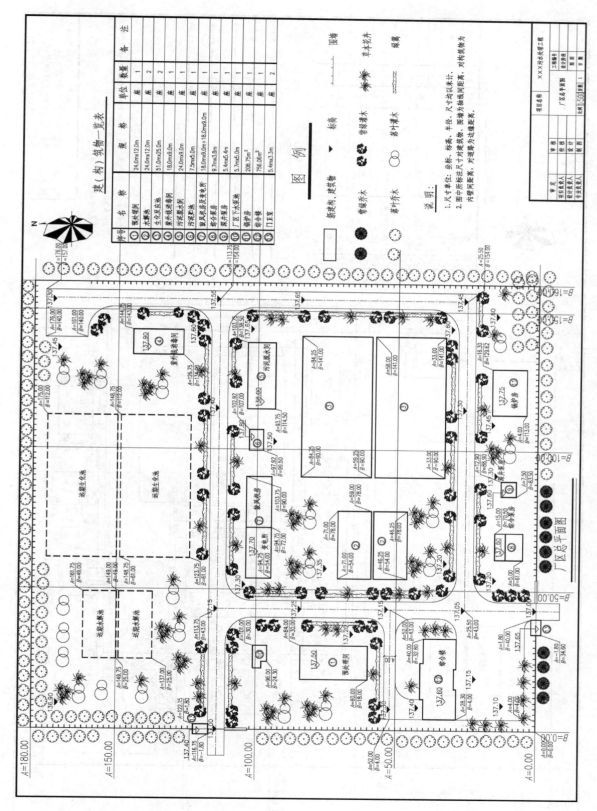

图12-1 厂区总平面图

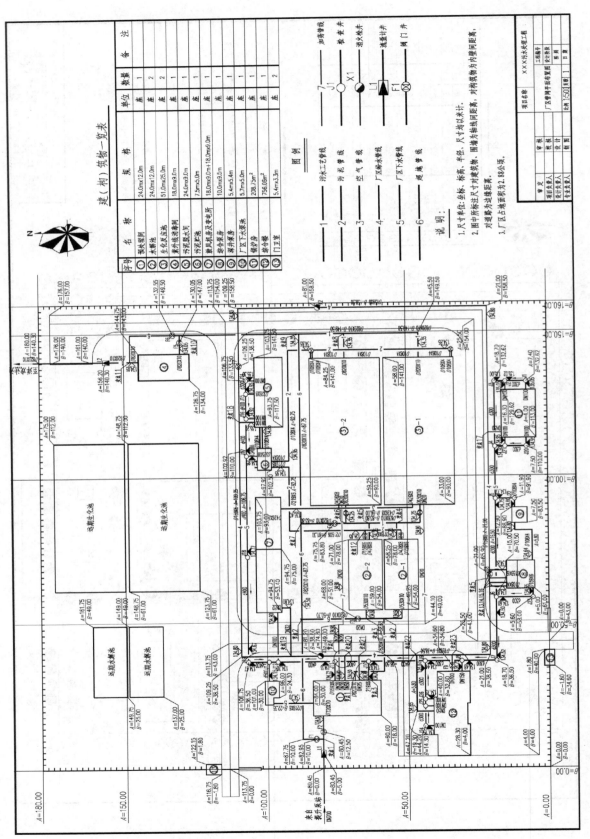

图12-2　厂区管道平面布置图

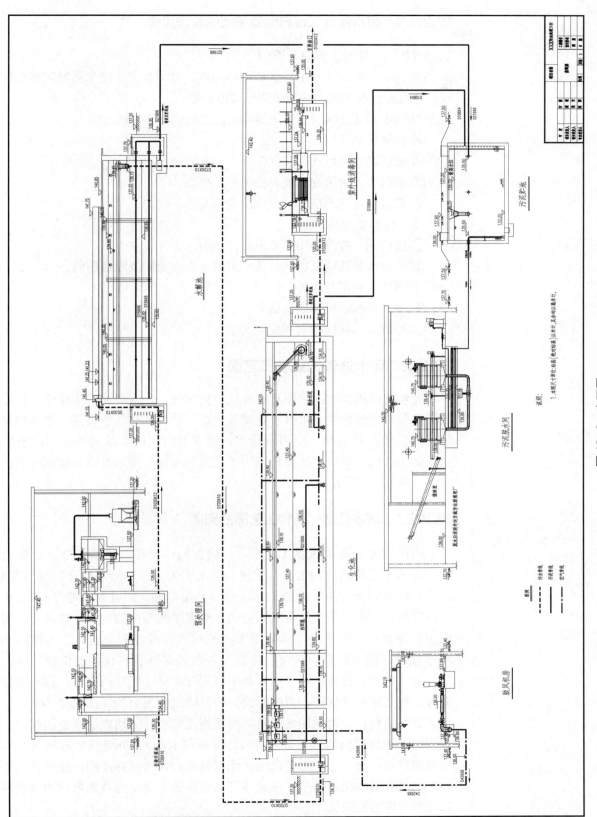

图12-3　高程图

12.2.1.3　废水处理工程总图底稿图的画法步骤

（1）废水处理工程总平面图

① 绘废水处理工程所在区域的地形图：以清楚图示废水处理工程全局为原则，选用适宜的比例，抄绘或描绘其地形图。

② 画废水处理构筑物和主要辅助建筑物的平面轮廓。

③ 布置各种管渠。

④ 画道路、围墙等次要部分。

⑤ 画图例，构筑物、建筑物编号、列表。

⑥ 布置应标注的坐标、尺寸及说明文字。

（2）废水处理高程图

① 选比例，按前述图面要求布置图面。

② 绘废水处理构筑物、设备用房的正剖面简图及设备图例。

③ 画连接管渠及水体。

④ 画水面线、设计地面线等。

⑤ 布置应标注的标高和说明文字。

12.2.2　废水处理构筑物工艺图

废水处理构筑物工艺图是指各处理构筑物，如水解池、生化池、贮泥池以及污泥脱水间等构筑物本身及其相关设备、管渠的整体布置图。这些构筑物虽然随其功能不同而异，但图示特点、阅读及绘制的方法大体相似，所以以一个生化池为例说明废水处理构筑物工艺图的阅读、图示特点和绘制方法，如图12-4～图 12-11 所示。

12.2.2.1　废水处理构筑物工艺图的阅读

阅读废水处理构筑物工艺图，一般先粗读全图，包括管件、设备表及说明。着重了解构筑物的形状、位置、各主要组成部分的名称及其材料等概说。然后仔细阅读平面图，弄清工艺流程的平面布置，如进水（进泥）、出水、放空等管道、渠道的平面位置及其走向。根据平面图中的剖面剖切符号，对照平面图，阅读相应剖面图，再确定工艺流程的高度方向上的布置，即进水、出水等管道、渠道的空间走向，构筑物各组成部分及其设备的位置，标高，等等。对注有索引符号、标准图号的不详局部，再按照详图编号、标准图代号和编号，找到相应的详图，对照阅读。构筑物工艺图上的详图也与其他工程图一样，分为两种：一种详图是对因原图比例比较小，无法表达清楚的部位，设计者采用较大比例画出该部分（有时还加画剖面图），并将尺寸标注齐全，用文字说明详尽；另一种详图是已设计绘制并装订成册的标准图，使用者只需注写标准图号。最后根据对平、剖面图及其详图的阅读，综合想象该构筑物及其工艺流程布置的空间状况。

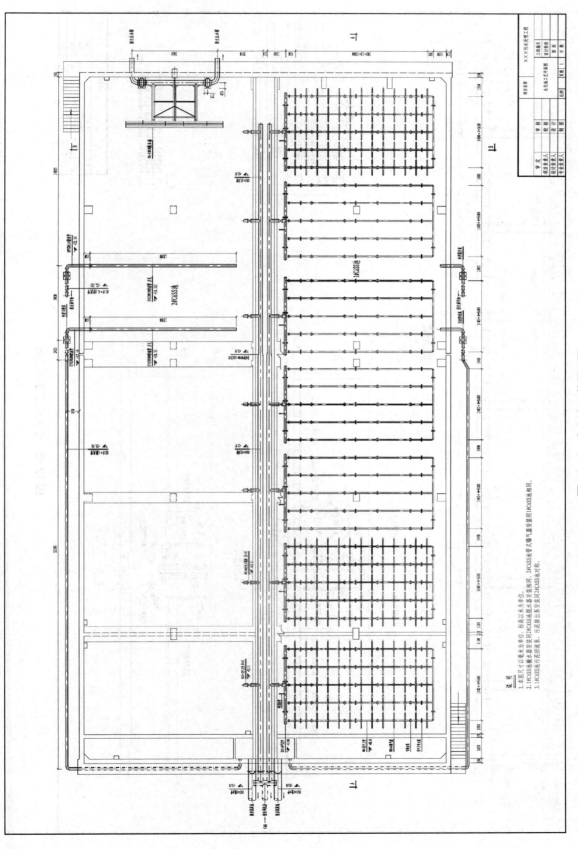

图12-4　生化池工艺平面图

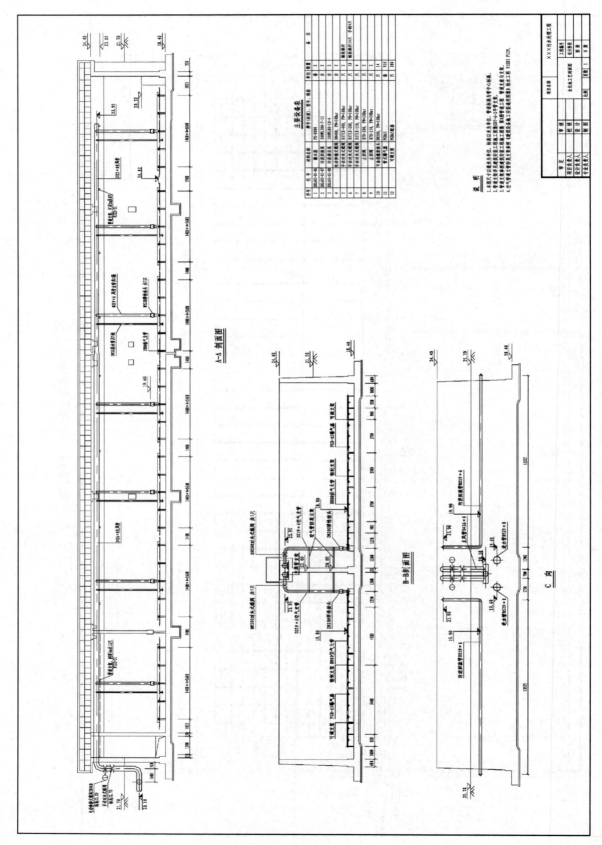

图12-5 生化池工艺剖面图

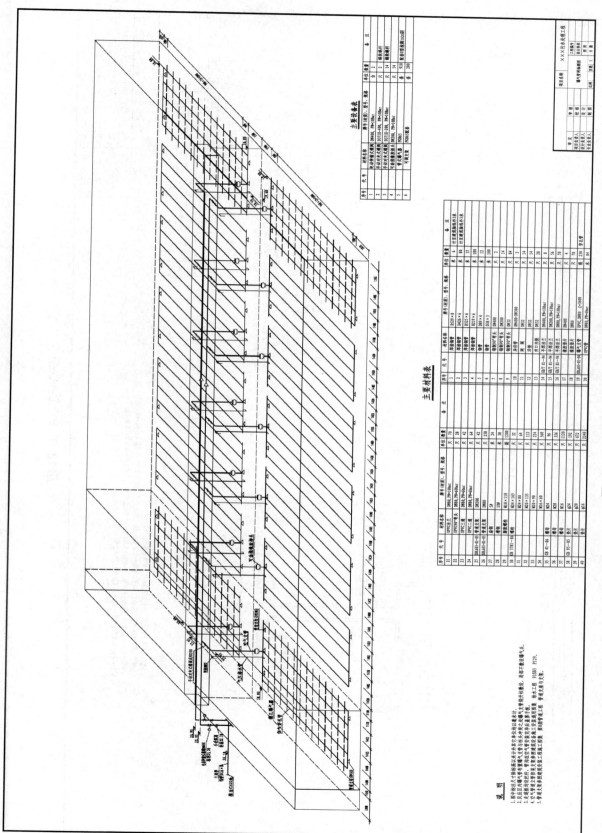

图12-6 曝气管网轴测图

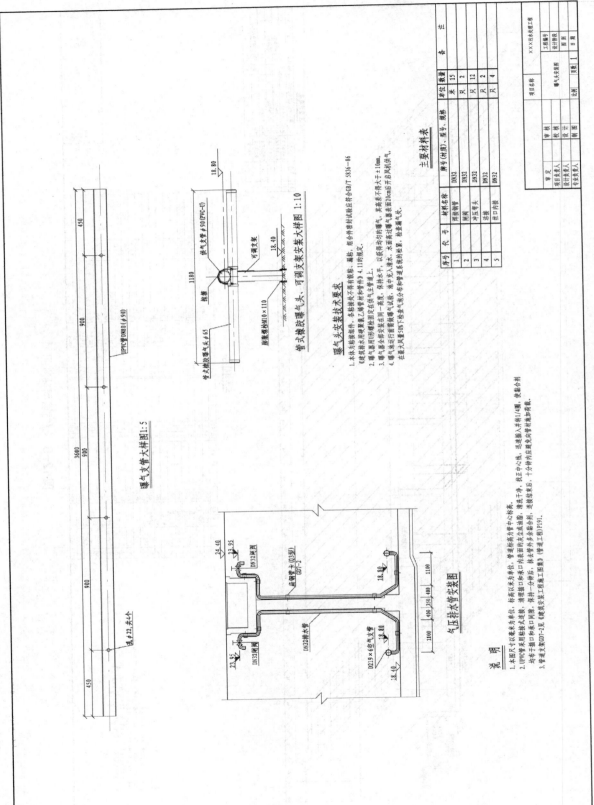

图 12-7　曝气头安装图

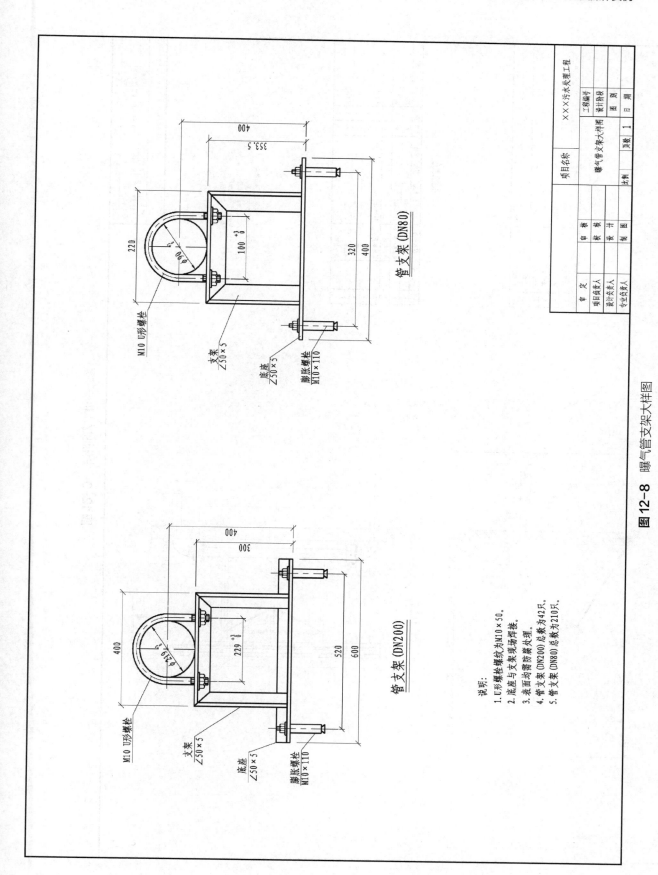

图12-8　曝气管支架大样图

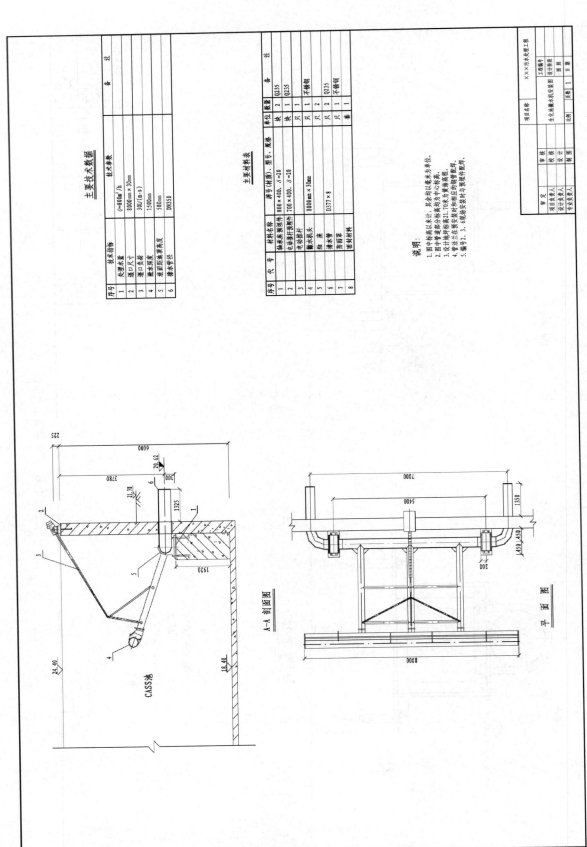

图12-9　生化池撇水机安装图

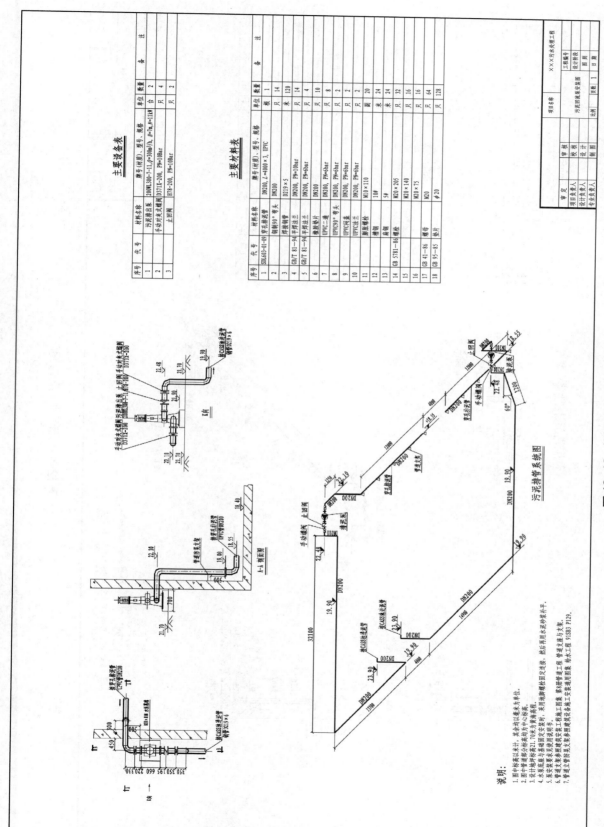

主要设备表

序号	代号	材料名称	牌号(材质)、型号、规格	单位	数量	备注
1		污泥排出泵	200WL300-7-11,(q=300m³/h, H=11kW	台	2	
2		手动对夹式蝶阀	D371J-200, PN=10bar	只	4	
3		止回阀	H17B-200, PN=10bar	只	2	

主要材料表

序号	代号	材料名称	牌号(材质)、型号、规格	单位	数量	备注
1	SDL 603-01-09	穿孔排泥管	DN200, L=4000×3, UPVC	座	1	
2		钢制90°弯头	DN200	只	14	
3		焊接钢管	D219×5	米	120	
4	GB/T 81-94	平焊法兰	DN200, PN=10bar	只	4	
5	GB/T 81-94	平焊法兰	DN200, PN=6bar	只	10	
6		橡胶垫片	DN200	只	8	
7		UPVC三通	DN200, PN=6bar	只	2	
8		UPVC90°弯头	DN200, PN=6bar	只	2	
9		UPVC闸盘	DN200, PN=6bar	只	2	
10		脚踏螺栓	M10×110	副	20	
11		槽钢	10#	米	24	
12		扁钢	5#	只	24	
13						
14	GB 5781-86	螺栓	M20×205	只	32	
15			M20×140	只	16	
16		螺母	M20×75	只	16	
17		螺母	M20	只	64	
18	GB 95-85	垫片	φ20	只	128	

I剖面

A-A剖面图

污泥排管系统图

说明:
1. 图中标高以m计，其余均以mm为单位。
2. 图中管道标高均为中心标高。
3. 设计地坪标高±1.70为设计室内标高。
4. 水泵底座用地脚螺栓固定安装。
5. 泵安装要求见泵使用说明书。
6. 穿孔排泥管与土建结构工程结合后再用水泥砂浆抹平。
7. 管道支架详见本册安装图集，管道支架通用图集 排水工程 91SB3 P129。

图12-10 污泥回流泵安装图

项目名称	XXX污水处理工程
图名	污泥回流泵安装图
说明	图别　　图号　　页数 1

审定　　审核　　校核　　设计　　制图
项目负责人
设计负责人
专业负责人

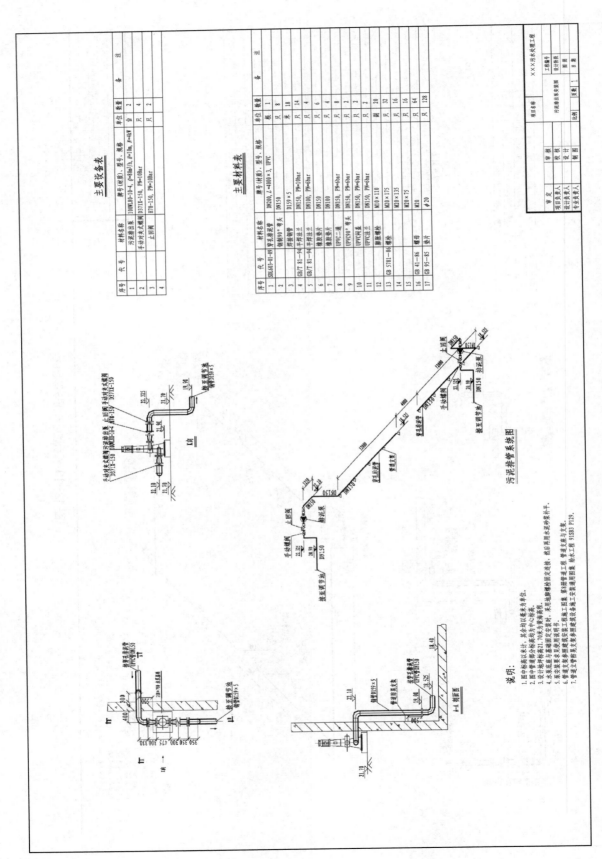

图 12-11　污泥排出泵安装图

12.2.2.2　废水处理构筑物工艺图的图示特点

由于废水处理构筑物一般半埋或全埋在土中，外形比较简单，而内部构造较复杂，所以其工艺图既遵循《房屋建筑制图统一标准》（GB/T 50001—2017）的若干规定，又具有如下特点。

（1）比例与布图方向　废水处理构筑物平、剖面图的常用比例可以是《房屋建筑制图统一标准》（GB/T 50001—2017）中的比例，也可以是一些可用比例，如 1∶40、1∶60、1∶80。废水处理构筑物平、剖面图一般根据能清楚明了地反映构筑物处理工艺流程及构筑物本身的形状、位置的原则决定其布图方向。当其布图方向与它在总平面图上的布图方向不一致时，必须标明方位，如图 12-4 所示。

（2）剖面图

① 剖面图数量的选择：在满足清晰明了地图示处理构筑物的工艺流程，并能准确地表达出由处理工艺所决定的构筑物各部分形状及相对位置的条件下，投影图的数量愈少愈好。

构筑物工艺图通常由平面图和合适的剖面图以及若干必要的详图组成。

② 剖切位置的选择：考虑处理构筑物的工艺流程，沿构筑物最复杂的部位剖切，注意遵守建筑制图标准的若干规定。

③ 特殊表达法：废水处理构筑物常在顶部布置有走道、盖板等为操作、维修以及安全保护而设置的辅助结构，构筑物工艺图中为突出其流程等主要内容，经常使用拆卸和折断的画法，假想把挡住处理构筑物主要组成部分的次要部分如栏杆、走道等拆除或折断，必要时也可将在其他地方已表达清楚的个别主要组成部分拆除或折断，以图示构筑物更需要表达的内容，如图 12-4 中就拆卸了电动机和栏杆等。工艺图中的盖板、走道板常常只画几块表示其形状、大小及位置。

构筑物工艺图中的管道应该用双线管道图绘制，必要时也可画成单线管道图。注意当剖切面通过管道轴线时即管道被纵向剖切时，管道及其附、配件如法兰盘等均按不剖切绘制，如图 12-5 中 C 向剖面图的污泥管。

构筑物工艺图中设备、管道及配件应该编号，并列出管件、材料、设备表，以便统计，而且还有利于明确它在构筑物中相应的位置。编号用细实线圆表示。

（3）标注　构筑物工艺图上一般只注写构筑物各部分的内壁尺寸（施工图设计阶段的工艺图应标注与结构等工种有关的尺寸，如图 12-4 平面尺寸所标注的），以及其控制标高（如水面标高，进出水管、放空管中心标高），还有管道及其附、配件位置的安装尺寸（如图 12-9 中撇水机安装图）等由工艺要求决定的尺寸。技术设计和施工图设计阶段的工艺图应标注与结构等工种有关的尺寸。在简单构筑物的工艺图中亦可将其结构尺寸及要求一并注明。

（4）图线　管道轮廓线采用粗实线（b），管中心线用细点画线（$0.35b$）画出；构筑物被剖切到的断面轮廓线宜用中实线（$0.5b$），剖面图中其余可见轮廓线以及构筑物平面图中可见轮廓均用细实线（$0.35b$）绘制；假想轮廓线宜用细双点画线画出；表格线型及其图线如尺寸线、中心线等均同前（$0.35b$）。

12.2.2.3　废水处理构筑物工艺图及其详图的画图步骤

① 视所绘构筑物的复杂程度，选用平、剖面图适当的比例。

② 根据构筑物工艺流程及其形体特征，决定布图方向，选择剖切位置，初步确定剖面图数量。

③ 按照所选比例及构筑物特点，估计自绘非标准详图的数量。

④ 根据图形数量及其大小，确定图幅，布置图画。

⑤ 绘制构筑物工艺图及其详图的底稿图。画底稿图的步骤一般是先画构筑物平面图，然后画相应的剖面图，最后根据需要画出必要的详图。画构筑物平、剖面及其详图时，一般先画构筑物，然后再画管道、渠道。

⑥ 检查底稿，布置标注。

⑦ 按要求加深图线、编号、列表、标注、书写文字。

12.3　固体废物处理工程绘图操作实例

固体废物是指人类在生产和生活活动中丢弃的固体和泥状的物质，简称固废，包括城市生活垃圾、农业废弃物和工业废渣。固体废物的处理通常是指通过物理、化学、生物、物化及生化方法把固体废物转化为适于运输、贮存、利用或处置的过程，固体废物处理的目标是无害化、减量化、资源化。有人认为固体废物是"三废"中最难处置的一种，因为它含有的成分相当复杂，其物理性状（体积、流动性、均匀性、粉碎程度、水分、热值等）也千变万化，要达到上述"无害化、减量化、资源化"目标会遇到相当大的麻烦。一般防治固体废物污染的方法首先是要控制其产生量，例如，逐步改变城市燃料结构（包括民用工业），控制工厂原料的消耗，定额提高产品的使用寿命，提高废品的回收率等；其次是开展综合利用，把固体废物作为资源和能源对待，实在不能利用的则经压缩和无毒处理后成为终态固体废物，然后再填埋和沉海，主要采用的方法包括压实、破碎、分选、固化、焚烧、生物处理等。

固体废物处理工程的设计包括的内容很多，如工艺、总体布置、构筑物、建筑物、给排水、仪表与自动化、电气、暖通、机械等方面。这里主要介绍生活垃圾填埋场和医疗垃圾工程工艺部分设计实例。

总图和单体设计可参考废水处理工程设计要求。

12.3.1　某市生活垃圾填埋处理工程

某市生活垃圾填埋处理工程图如图 12-12～图 12-33 所示。

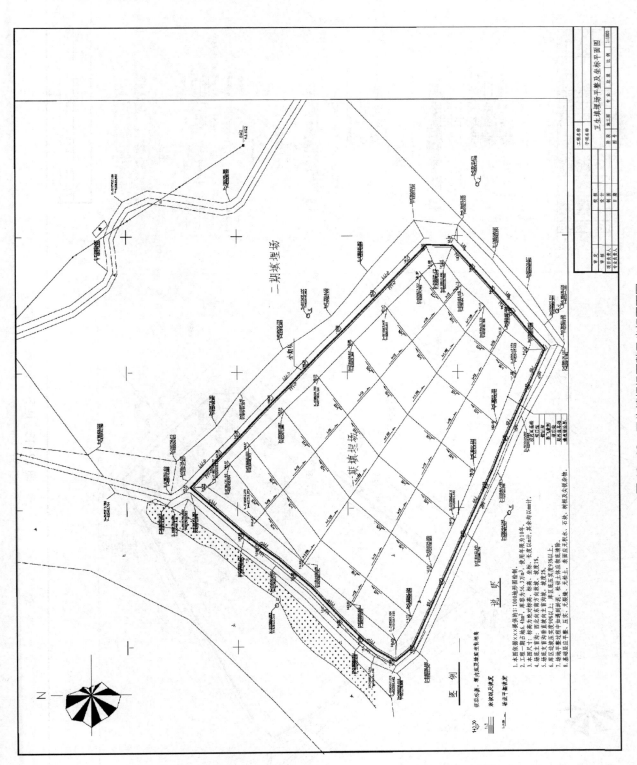

图12-12 卫生填埋场平整及坐标平面图

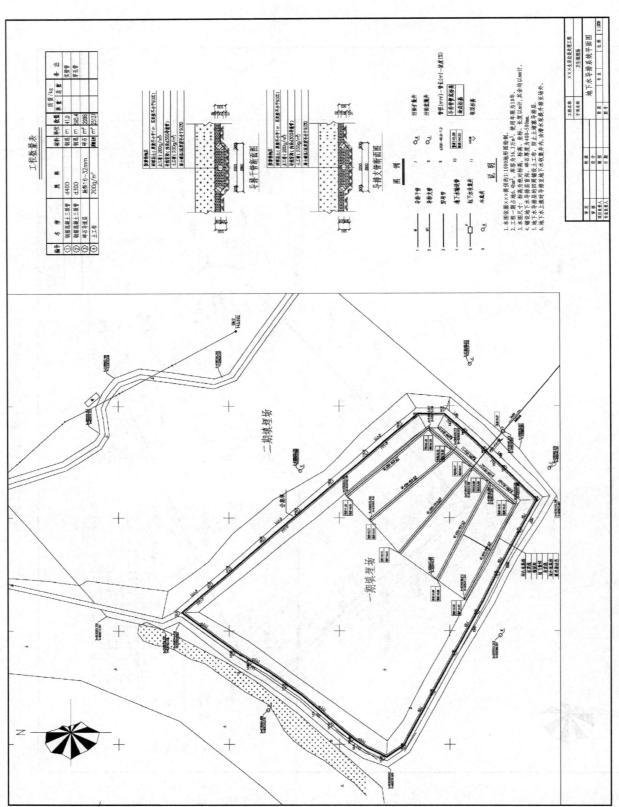

图 12-13　地下水导排系统平面图

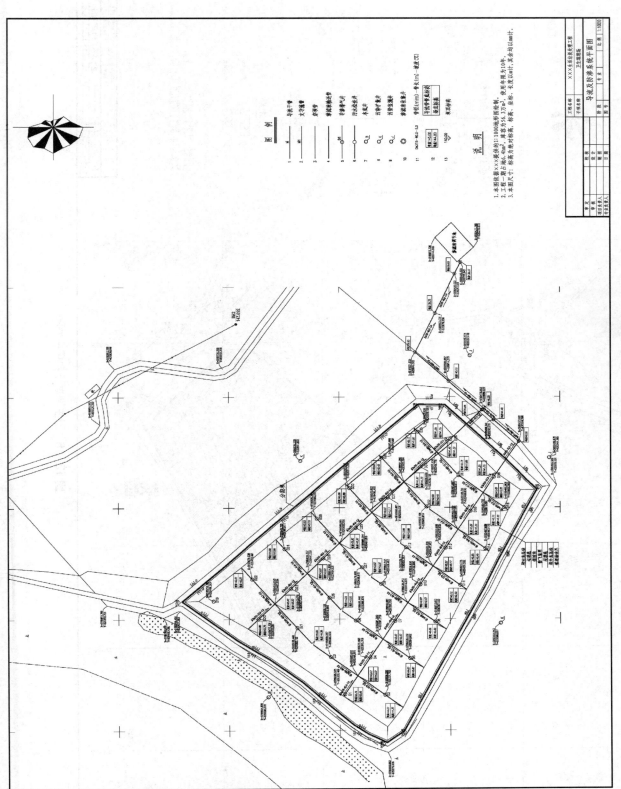

图12-14 导流及防渗系统平面图

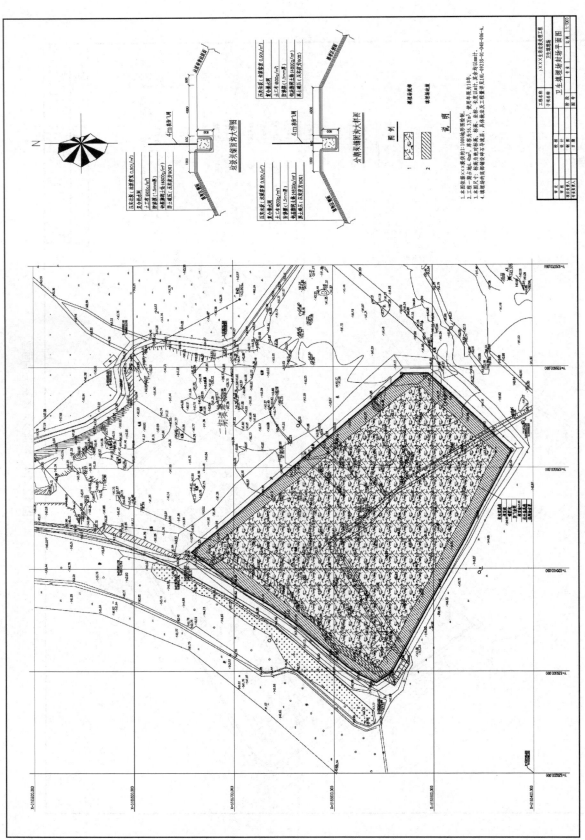

图12-15　卫生填埋场封场平面图

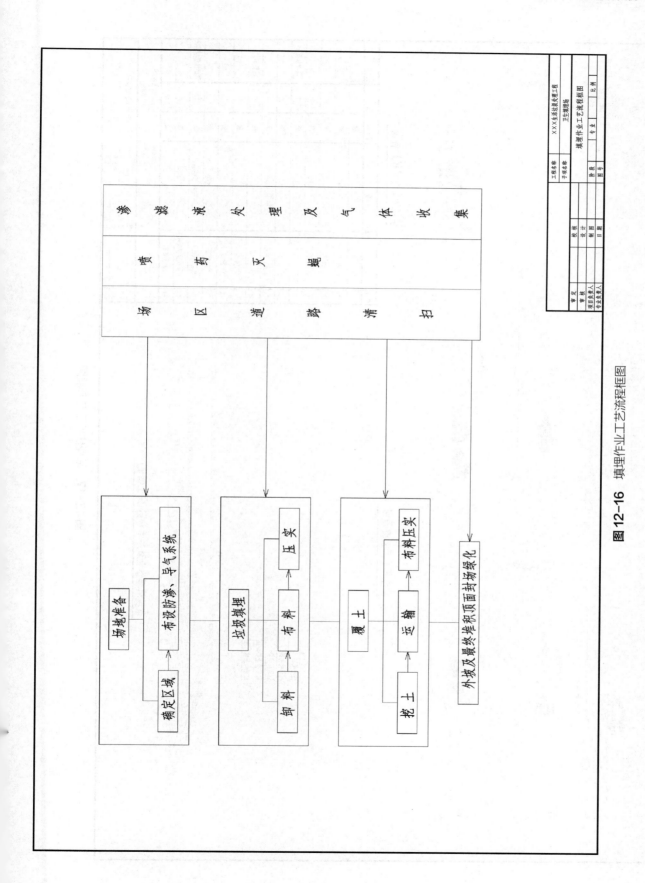

图12-16 填埋作业工艺流程框图

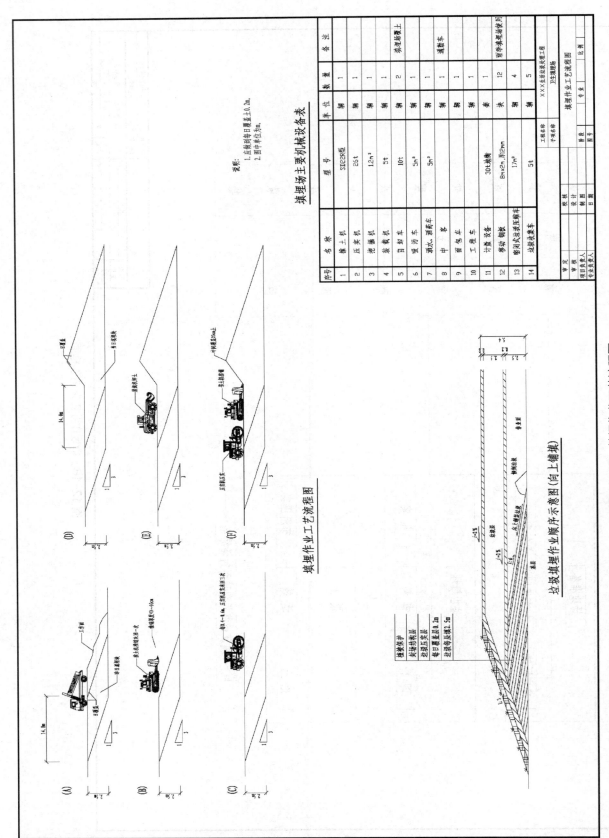

填埋场主要机械设备表

序号	名 称	型 号	单 位	数 量	备 注
1	推土机	SD28型	辆	1	
2	压实机	26t	辆	1	
3	混凝机	12m³	辆	1	
4	装载机	5t	辆	1	
5	自卸车	10t	辆	2	填埋场覆土
6	吸污车	5m³	辆	1	
7	洒水、洒药车	5m³	辆	1	兼消毒车
8	中 巴		辆	1	
9	面包车		辆	1	
10	工程车		辆	1	
11	计量设备	30t地磅	套	1	
12	移动锅炉	8m×2m,厚12mm	块	12	雨季垫道临时用
13	履带式装载压实车	17m³	辆	4	
14	垃圾收集车	5t	辆	5	

说明:
1. 应按到每日覆盖土0.2m。
2. 图中单位为m。

填埋作业工艺流程图

垃圾填埋作业顺序示意图(向上铺填)

图12-17 填埋作业工艺流程图

		XXX生活垃圾处理工程	
审定	校核	工程名称	卫生填埋场
审核	设计	子项名称	填埋作业工艺流程图
项目负责人	制图	职氏	专业 总图
专业负责人	日期	图号	比例

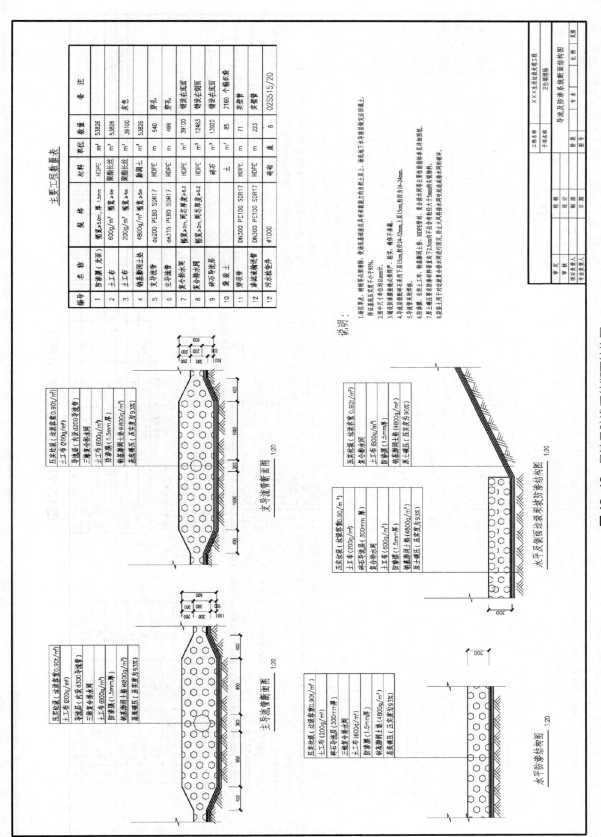

图12-18　导流及防渗系统断面结构图

导流及防渗系统设计说明

一、防渗材料性能要求

（一）HDPE土工膜性能要求

1. HDPE土工膜厚度为1.5mm，其性能指标应满足下表的要求，同时应符合《垃圾填埋场用高密度聚乙烯土工膜》（CJ/T 234—2006）的规定。

1.5mmHDPE土工膜性能指标

性能	单位	指标
屈服强度	N/mm	≥22
耐环境应力开裂	h	≥300
断裂伸长率	%	≥700
直角撕裂强度	N/mm	≥187
−70℃低温脆性温度		通过
水蒸气透过系数	g·cm/(cm²·s·Pa)	<1.0×10⁻¹³
炭黑含量	%	2~3
氧化诱导时间（两点01T）	min	≥400
尺寸稳定性	%	±2

2. HDPE土工膜规格尺寸及偏差：

（1）土工膜幅宽应≥5.0m，板厚度偏差应控制在±10%之内。

（2）土工膜产品颜色要求为黑色，外观质量要看各指标应符合CJ/T 234—2006的规定。

（3）除符合CJ/T 234—2006的规定以外，产品应由国家认证的专门机构检测。

（4）埋理库区应防及边坡所有的有部位应满无缺漏，半径宜≥1m。

（5）土工膜工艺连接应接缝必须牢固并无折角防渗满观象。土工膜间连接宜采用热熔连接。

压缝接连工艺连接到接缝处宜采用折折的防渗搭接100mm，接缝间接搭接度≥100mm，全部接头应通过试验、检验。

（二）土工布性能要求

1. 土工布所用原材料：

本工程中土工布原材料样于未用坏头氧化性的长丝纺粘针刺非织造土工布。

2. 土工布外观质量要求：

土工布外观质量要看逐卷进行检验和评定。每卷土工布不得出现孔洞及明显破损，外观底点不出现下表中的各项缺陷和评定。轻缺陷每20m不超过5个。

3. 长丝纺土工布技术指标要求如下表。

600g/m²长丝纺土工布技术参数表

序号	项目	单位	指标
1	单位面积质量偏差	%	−4
2	厚度	mm	≥4.2
3	幅宽偏差	%	−0.5
4	断裂强力	kN/m	≥30.0
5	断裂伸长率	%	40-80
6	CBR顶破强力	kN	≥5.5
7	垂直渗透系数	cm/s	0.001~1
8	等效孔径	mm	0.07~0.2
9	撕破强力	kN	≥0.82

4. 长丝无纺土工布地性技术指标应满足《土工合成材料 长丝纺粘针刺非织造土工布》（GB/T 17639—1998）的要求。

5. 碎石导流层铺设的土工布沿上口两端外延伸2.0m。

（三）钠基膨润土垫性能要求

序号	项目	指标
1	膨润土膨胀指标	24ml/2g（最少）
2	膨润土水分含表	18ml（最多）
3	膨润土质量面积	4.5kg/m²
4	抗拉强度	800N
5	抗剪强度	65N/10cm
6	透水指标	1×10⁻⁹m³/（m²·s）
7	渗透系数	5×10⁻¹¹cm/s
8	含水内剪强度	500psf（24kPa）（代表值）
9	厚度	6mm
10	上层非织造无纺布克重（白色）	≥220g/m²
11	下层塑料编膜织土布克重（黑色）	≥125g/m²
12	幅宽	≥5m

1. GCL性能参数应由国家权威检测机构检测。

2. GCL搭接时，纵向搭接长度≥250mm，横向搭接长度≥600mm，搭接区膨润土的最小用量为0.4kg/m²。

3. GCL的其他指标（如外观质量要看及不享及各指标参见《钠基膨润土防水毯》（JG/T 193—2006）的要求。

（四）复合排水网

底面用复合排水网技术参数表

项目	材料	结构类型	测试方法	单位	指标	备注
土工芯		三维结构		mm		
导水率 σ_c=500kPa, i=1		HDPE	ASTMD5199	m³/s	>6.3	
复合			ASTMD4716		>1.5×10⁻³	
排水网纵向抗拉强度			ASTMD4595	kN/m	19	
土工布单位面积质量			GB/T 14799	g/m²	200	

侧面用复合排水网技术参数表

项目	材料	结构类型	测试方法	单位	指标	备注
土工芯		三维结构		mm		
导水率 σ_c=500kPa, i=1		HDPE	ASTMD5199	m³/s	>5.2	
复合			ASTMD4716		>1.0×10⁻³	
排水网纵向抗拉强度			ASTMD4595	kN/m	16	
土工布单位面积质量			GB/T 14799	g/m²	200	

项目	PE80指标	PE100指标
断向回缩率/%	≥350	≥350
纵向回缩率（110度）/%	<3	<3
液压试验： 温度：20℃ 时间：100h	环向应力：9.0MPa 100h管材不破坏，不渗漏	环向应力：12.0MPa 100h管材不破坏，不渗漏
温度：80℃ 时间：165h	环向应力：4.6MPa 165h管材不破坏，不渗漏	环向应力：5.5MPa 165h管材不破坏，不渗漏
温度：80℃ 时间：165h	环向应力：4.0MPa 1000h管材不破坏，不渗漏	环向应力：5.0MPa 1000h管材不破坏，不渗漏

二、导流系统设计说明

1. 渗滤液收集系统采用导水层、导流层和导水管组合使用，所以采用多种石材，因为滤液对CaCO₃，有碳酸性，渗滤系数不应小于1.0×10⁻³cm/s。

2. 埋理库区渗滤液收集管道与采用HDPE穿孔管，穿孔率应均匀。

3. 渗滤液导流设计的收集管的坡度与填理库的排高度系统一致。

4. 渗滤液沟通过膨润垫的若干部位外滤水地纵线部位应工至标准要行留后设。可与设计院沟通后进行调整。

5. 防渗库底坡度采用HDPE膜文档，可能需要采用HDPE穿孔管，连接处为大小管。HDPE穿和坡就变应坡就面铺设应的HDPE膜采用焊接方式连接。

6. 渗滤液导水管外与穿孔面之间采用填充渗透土好理。不得移行何可能堵塞穿道物的项留针填充进行。

7. 渗滤液导管穿越连续管端应预先排理干净。不得针任何可能堵塞穿道物的项留针填充进行。

8. 防渗材料施工、扩台过程中，应符合材料厂面求，不得直接暴露日光照射。

9. 其他未尽事宜均应按照国家有关规定、规范进行。

图12-19 导流及防渗系统设计说明

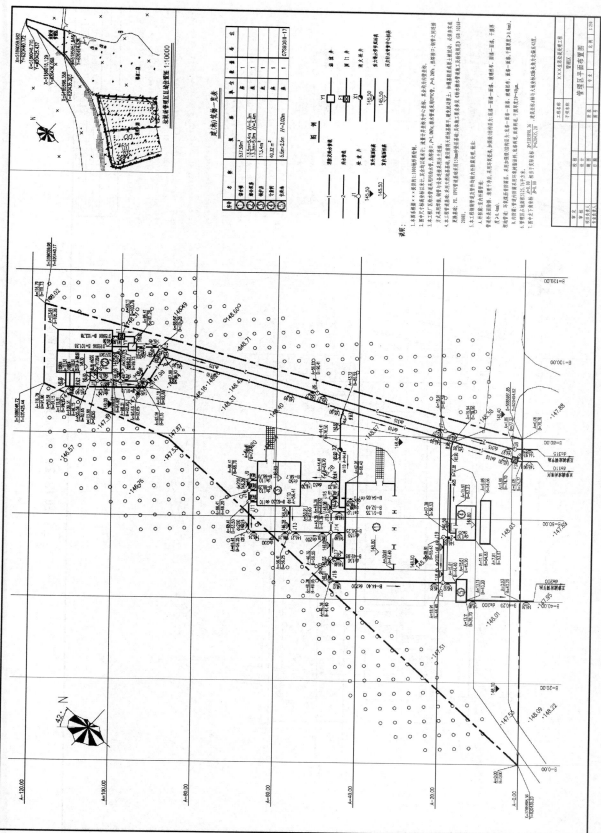

図12-20 管理区平面布置图

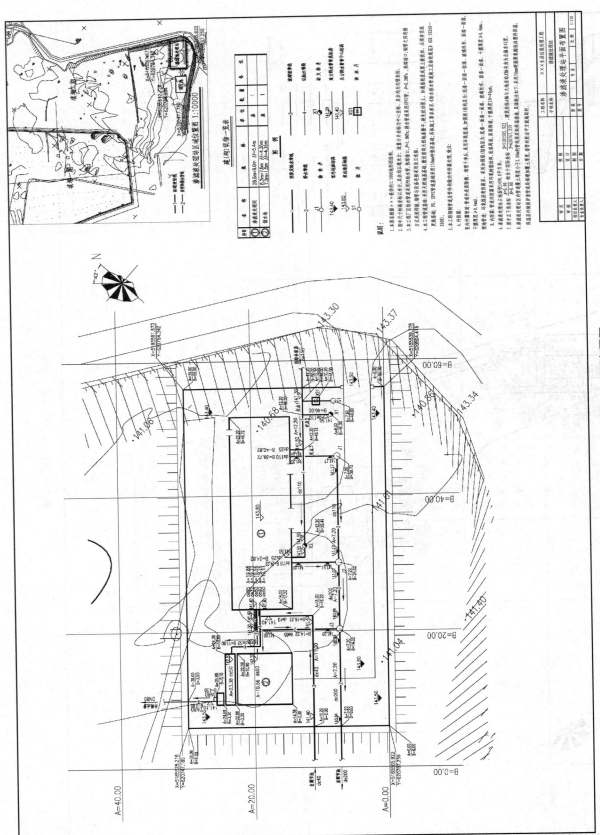

图12-21　渗滤液处理站平面布置图

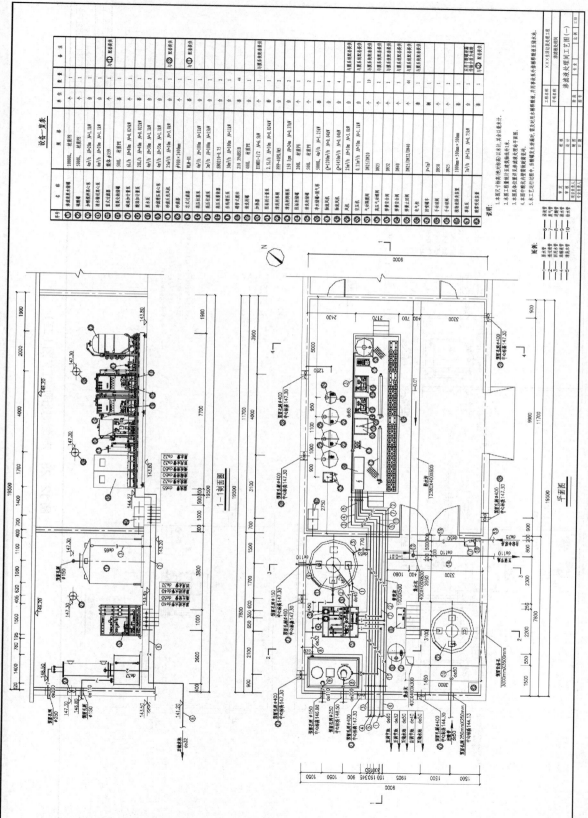

图12-22 渗滤液处理间工艺图（一）

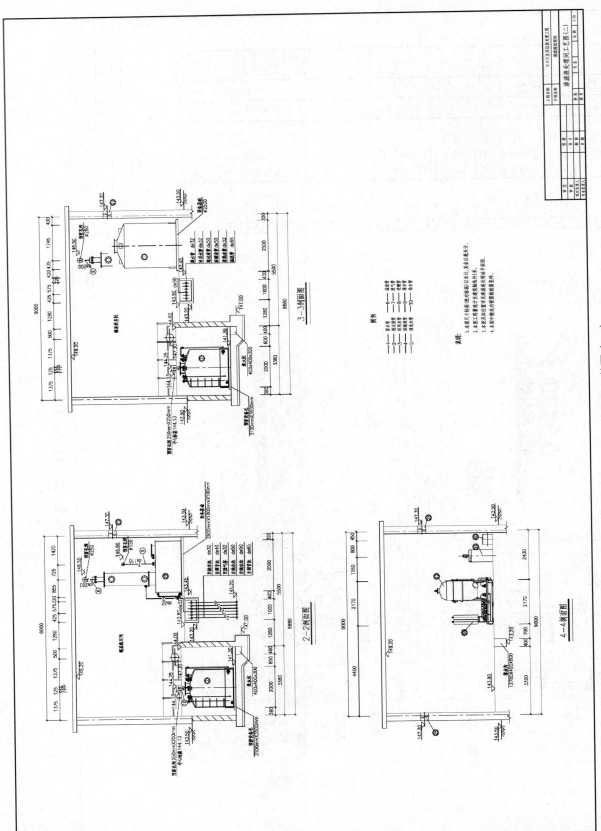

图12-23　渗滤液处理间工艺图（二）

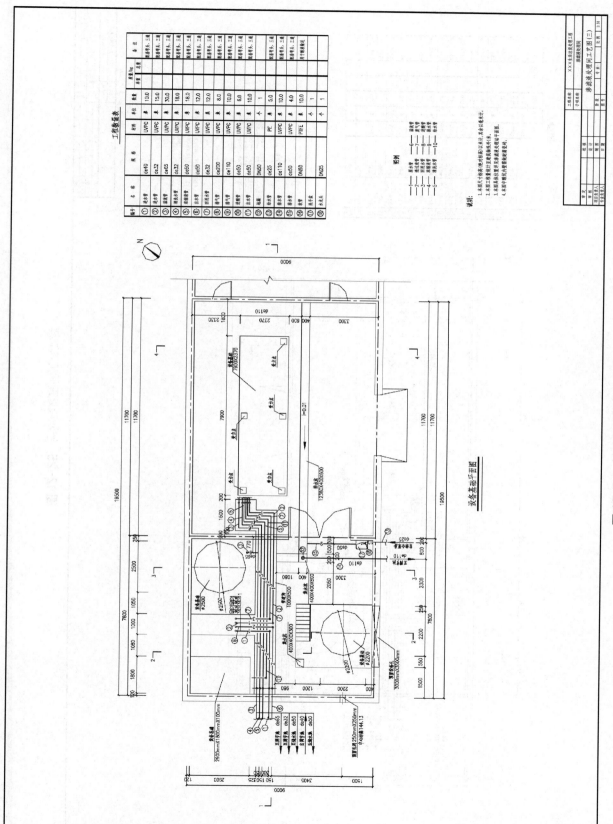

图12-24　渗滤液处理间工艺图（三）

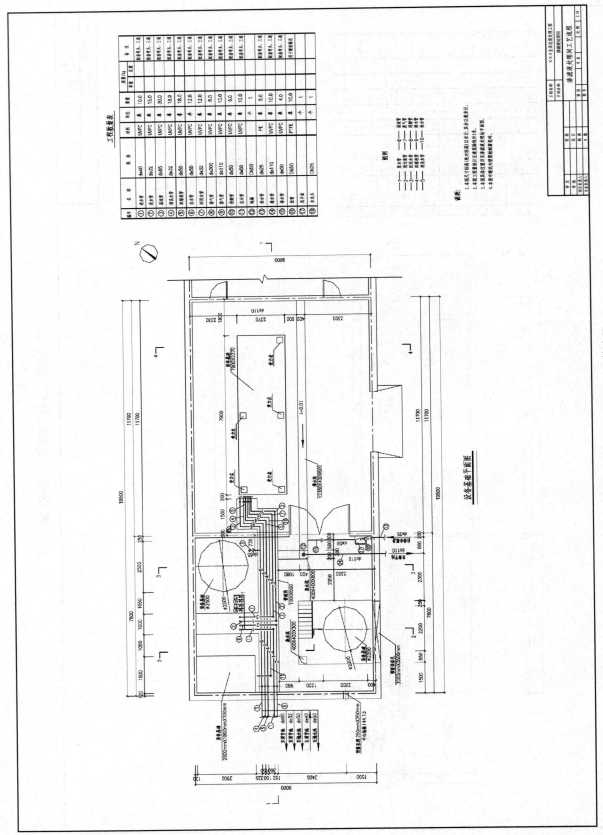

图12-25　渗滤液处理间工艺流程

12.3.2　某市医疗垃圾处理工程

设计总说明

A. 设计范围及规模

1. 本规程是用于××市医疗废弃物无害化处理迁建项目建设。项目建设地点为×××，项目占地面积为1.03公顷，分为生产区、生活管理区。厂区内各种焚烧炉工艺专业设计。

2. 本工程医疗废弃物处置规模为20t/d，厂区内主要工艺焚烧物回转窑大规格炉工艺，辅助高温蒸汽消毒设备一套。共处置能力为8t/d，回转窑大焚烧炉及高温蒸汽集中处理处焚烧处理能力为25t/d。

3. 本工程防污水处置包括生产、生活污水两套，处理系统用集成一体化装置去，由设各专家配套供。并由其保证在合格达到回排污水要。

B. 主要设计依据

1. 本工程设计规模及厂区焚烧物无害化处置迁建项目环境影响报告书《××市医疗废弃物无害化处理迁建项目建议书》(K-2012-010)。

2. 本工程岩土工程勘察报告见《××市医疗废弃物无害化处理迁建项目岩土工程勘察报告》。

3. 本工程各专业设计依据。电力、给水、污水、雨水等的设计资料。

4. 本工程的1:1000地形图由建设单位提供。

C. 主要设备的工艺简介

1. 20t/d 回转窑焚烧炉由设备厂家负责基建。调试、设计院负责焚烧工作。回转设备焚烧系统包括：送料系统、助燃系统、空气助燃系统、焚烧余热利用系统、尾气净化系统、给水、暖通专业的辅助设计工作。回转设备焚烧炉温度30～120小时环境下降至850℃的环境下，焚烧均减<5%，确保均温小。设计最高温度1300℃，焚烧回转窑化合数进一步焚烧和分解。

二燃室烟气停留时间保证焚烟气(在1100℃温度下)>2s，含增加时间。

由于本项目焚烧物处理的不稳定性，增净化工艺系统附急冷干法脱酸活性炭吸附袋除尘法脱除的焚气净化工艺技术。

商温蒸汽灭菌设备为本设备厂家设计及基建。商温蒸汽处理设备处理能力为：8.0t/d，本期工程设置一套灭菌系统。调试，设计负责配套土建。二期蒸汽设备处理灭菌除臭系统。给水暖通专业辅助设计工作。

设备主要包括上料机、灭菌室、提升机、医疗废物专用破碎机、破碎系统、传送系统。传送收集系统，有关系统的详细介绍请参见《高温蒸汽灭菌设备工艺流程及说明》(12L-17L4S-01-02S-002)。

D. 主要设计规范

1. 《医疗废物集中焚烧处置工程技术规范》(试行)(HJ/T 177—2005)
2. 《医疗废物集中处理技术规范》(试行)(HJ/T 276—2006)
3. 《医疗废物焚烧炉技术要求》(试行)(GB 19128—2003)
4. 《医疗废物高温蒸汽集中处理工程技术规范》(试行)(GB/T 18773—2008)
5. 《医疗废物卫生填埋工程技术规范》(GB 18597—2001)
6. 《危险废物贮存污染控制标准》(GB 18597—2001)
7. 《医疗废物专用包装袋、容器和警示标志标准》(HJ 421—2008)
8. ……
9. 《医疗废物集中处置工程建设技术规范》(试行)(环发[2003]206号)
10. 《工业企业总平面设计规范》(GB 50187—93)
11. 《厂矿道路设计规范》(GBJ 22—1987)
12. 《室外排水设计规范》(GB 50014—2006)2011年版
13. 《室外给水设计规范》(GB 50014—2006)
14. 《建筑设计防火规范》(GB 50016—2006)
15. 《建筑结构荷载规范》2006年版(GB 50009—2001)

E. 尺寸标注、坐标、工程设计

1. 大地坐标系采用当地坐标系，大地坐标以(I, J)表示；厂区(构)筑物管位置建坐标以(A, B)表示，建筑坐标I轴相对偏转坐标I轴北端东49.0度。
   $A=0.00$
   $B=0.00$
   $I=18553.747$
   $J=2277.429$
2. 单体建(构)筑物定位尺寸以外墙轴线或建(构)筑物外加0.1m。总图中给水、污水管线在满足规范要求前提下，按照平面尺寸进行统计。雨水管线按平面以上，图中单位以m计。

F. 管道说明

1. 两标注标高均为河渠与管道敷设坡度相同。
2. 有压管道按设计试验，排水管道应进行闭水试验。
3. 管道施工中，当沟槽回填时，应进行沟通工程达到保工程大量敷设边动，应选行沟槽填筑严密坑，应保留20cm厚度土上人工槽内，不得超挖，槽底高程低的分项留土平开挖土方时应加20cm。
4. 厂区污水、雨水管采用DPE管材，厂区内水经用管15分钟后给水经入市政管网。
5. 给水、消防管采用PP管。
6. 当厂区上水管区内有区工管与其他管采管文料，上述有管道建即立即安管关以验证。
7. 厂区管道施工有无以下后上，建处后遮下建对已管基础动同时建改管理施工对建(构)筑基础设。消火栓建立接处敷处混凝土支架，支架处若管支线回填土，应分段压实，压实度不应小于15%。
8. 给水及消防管道，PP管对称的大子我寻子300mm管建转转重量均采用重建乙管上时建乙管上时径经。
9. 所有管外处置都上时主建及建图均采用闭立接。
10. 厂区所有给水(构)筑建工艺专者建及建灭菌设机及立件。
11. 本工程参见《建地废聚乙烯给水管工程技术规范》(CECS 122:2004)；《建筑废弃乙给水外管工程技术规程》(CECS 17—2000)；《给排水管》(GB 50268—2008)。
12. 工艺图纸中所示给管控制管道等特殊属建筑物设计详见给水管及专业。
13. 待各系都采相关图详见，设各基础补充设计。

图12-26　施工设计总说明

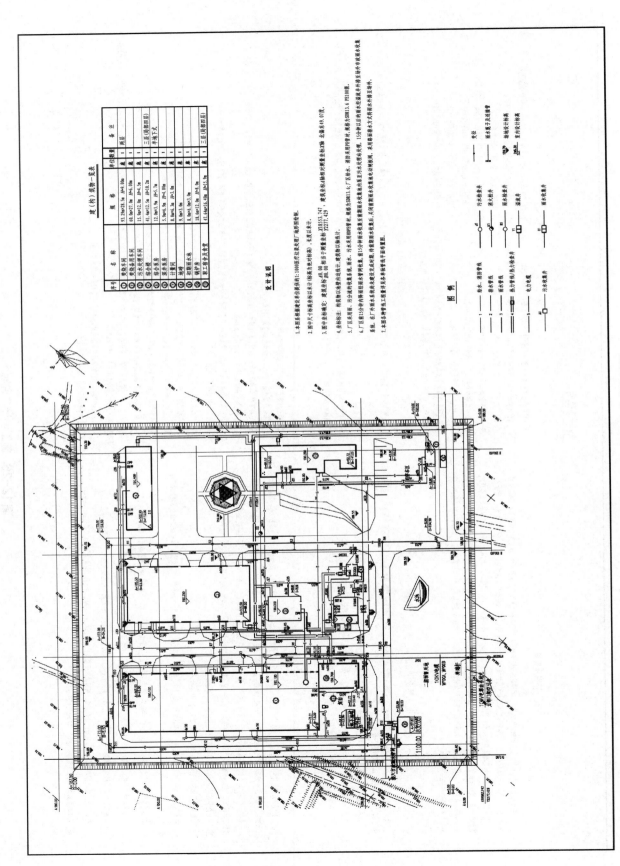

图12-27 厂区管线综合布置图

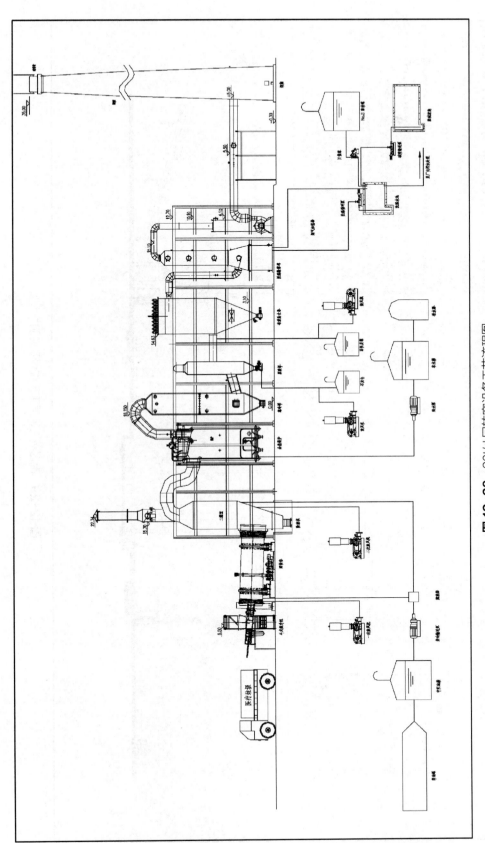

图12-28　20t/d 回转窑设备工艺流程图

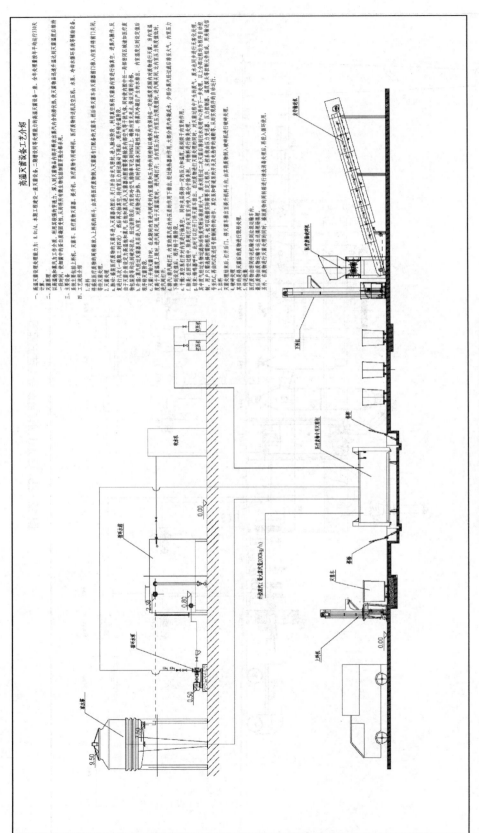

图12-29　高温蒸汽灭菌工艺流程及说明

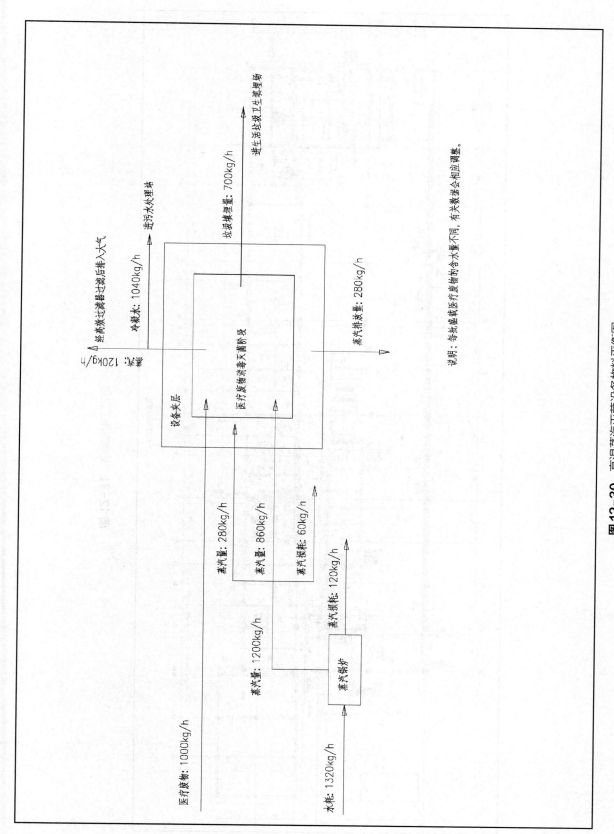

图12-30 高温蒸汽灭菌设备物料平衡图

医疗废物: 1000kg/h

水耗: 1320kg/h

蒸汽量: 1200kg/h

蒸汽损耗: 120kg/h

蒸汽锅炉

蒸汽量: 280kg/h

蒸汽量: 860kg/h

蒸汽损耗: 60kg/h

设备夹层

医疗废物消毒灭菌阶段

经高效空气过滤器过滤后排入大气

冷凝水: 1040kg/h   进污水处理站

垃圾填埋量: 700kg/h   进生活垃圾卫生填埋场

污泥: 120kg/h

蒸汽排放量: 280kg/h

说明: 每批盛载医疗废物的含水量不同, 有关数据会相应调整。

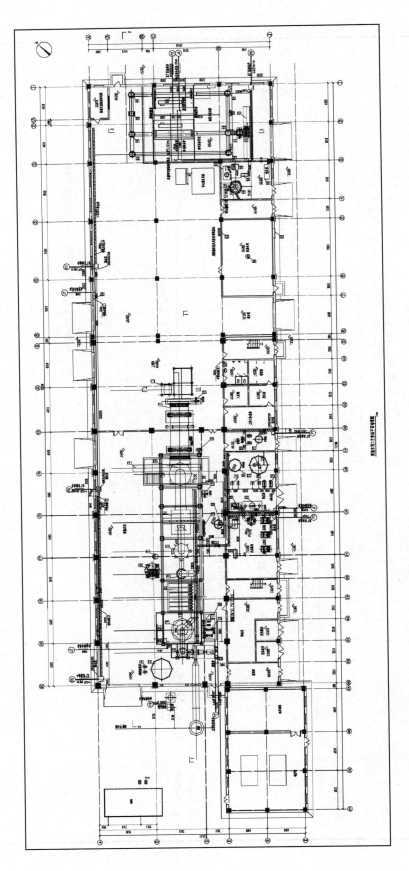

图12-31　焚烧车间工艺图（一）

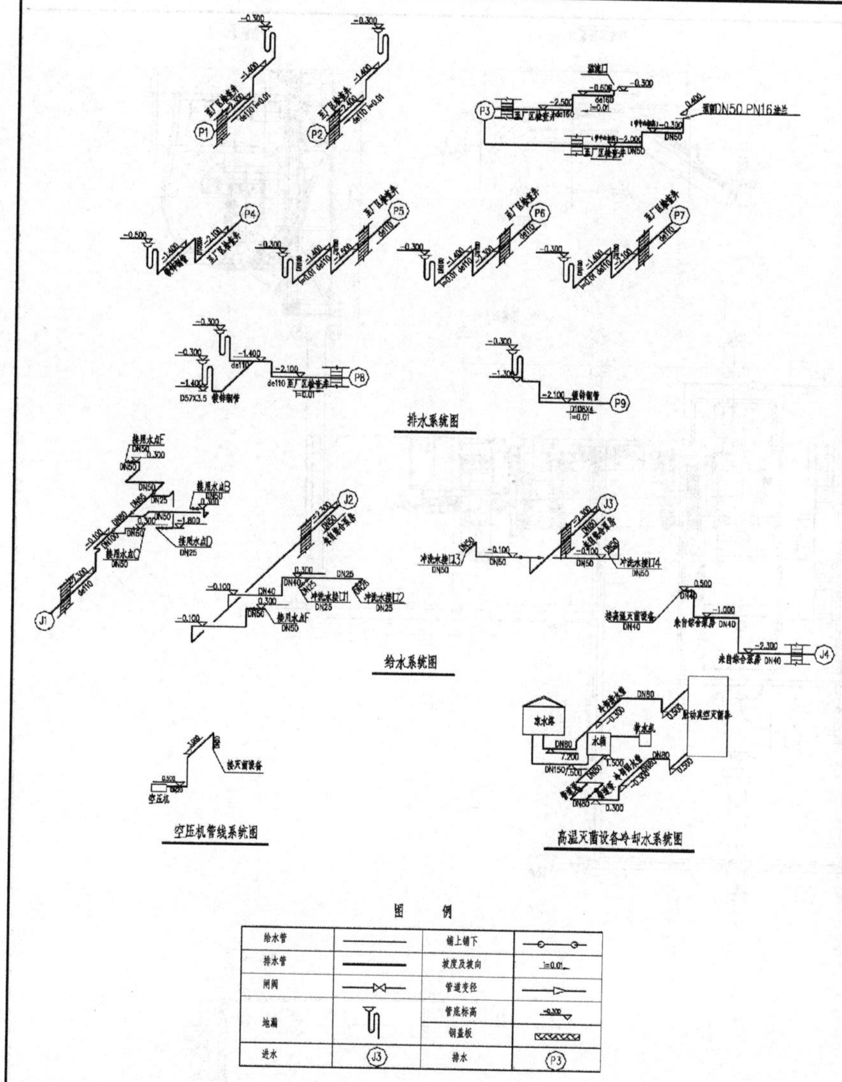

高温蒸汽灭菌设备一览表

序号	名称	规格	单位	数量	备注
39	提升机		台	16	
40	脉动真空灭菌器		台	2	
41	卸料机		台	1	
42	破碎机		台	1	
43	压缩打包机		台	1	
44	转盘		套	6	
45	地轧		套	1	
46	软水机		套	1	
47	水箱		座	1	
48	管道泵		台	2	
49	凉水塔		座	1	
50	空气压缩机		台	1	

冷库设备一览表

序号	名称	规格	单位	数量	备注
51	制冷机组	15P	套	1	
52	吊顶风机	DD140	台	1	
53	微电脑电控箱		台	1	

洗车设备一览表

序号	名称	规格	单位	数量	备注
54	可移动式高压冲洗泵	喷射压力：7(MPa)，水量：20L/min	套	1	

工程数量表

编号	名称	规格	材料	单位	数量	质量/kg 单重	质量/kg 总重	备注
①	给水管	de110	PE	m	4.0			
②	给水管	DN80	PE	m	10.4			
③	给水管	DN65	PE	m	6.6			
④	给水管	DN50	PE	m	41.0			
⑤	给水管	DN40	PE	m	6.1			
⑥	给水管	DN25	PE	m	25.5			
⑦	排水管	de160	HDPE	m	22.0			
⑧	排水管	de110	HDPE	m	21.0			
⑨	排水镀锌管	D108X4	钢	m	3.1			
⑩	排水镀锌管	D57X3.5	钢	m	7.0			
⑪	灭菌设备冷却水管	DN80	HDPE	m	53.8			
⑫	压缩空气管	DN20	钢	m	26.0			
⑬	溢流口	DN150	钢	个	1			
⑭	地漏	DN100	铁	个	7			
⑮	地漏	DN50	铁	个	1			
⑯	弯头	DN150	HDPE	个	3			
⑰	截止阀	DN80	钢	个	2			
⑱	截止阀	DN50	钢	个	6			
⑲	截止阀	DN40	钢	个	1			
⑳	管道支架	DN80	钢	个	5			03S402-53
㉑	管道支架	DN20	钢	个	4			03S402-49
㉒	钢盖板	宽 300mm	钢	m2	40.4			

回转窑设备一览表

序号	名称	规格	单位	数量	备注
1	提升机	功率3.0kW	台	1	
2	回转窑	2.8×10，18.5kW	台	1	
3	二燃室	3.62×1.54	台	1	
4	出渣机	$3m^3/h$，功率2.2kW	台	1	
5	余热锅炉	1.6MPa，204℃，2.85t/h	台	1	
6	急冷塔	2.5×14.0	座	1	
7	活性炭仓	1.0×1.0	座	1	
8	石灰仓	$25m^3$	座	1	
9	干式脱酸塔	1.54×8.2	座	1	
10	布袋除尘器	过滤面积$700m^2$	座	1	
11	洗涤塔	本体1.82×8.3，水槽3.1×5.6	座	1	
12	烟气加热器	1.42×6.2	台	1	
13	碱液罐	$30m^3$	台	1	
14	碱液输送泵	流量360L/h，压力0.6MPa，额定功率0.75MPa	台	2	
15	一次风机	功率5.5kW，流量$4012\sim7419m^3/h$；全压2014~1320Pa	台	1	
16	冷却风机	功率2.2kW，流量$1688\sim3617m^3/h$；全压1300~792Pa	台	1	
17	二次风机	功率11kW，流量$1963\sim4792m^3/h$；全压4661~4256Pa	台	1	
18	储气罐	$3m^3$	台	1	
19	分汽缸	219×10，L=2.5m	台	1	
20	排污泵	流量$4m^3/h$，扬程30m，功率2.2kW	台	2	
21	洗涤循环泵	流量$50m^3/h$，扬程32m，功率11kW	台	2	
22	引风机	功率110kW，流量$24126\sim56189m^3/h$；全压7747~7009Pa	台	1	
23	中间油箱	$1m^3$	个	1	
24	柴油输送泵	1.5kW，流量$3.3m^3/h$，排出压力0.33MPa	台	2	
25	软水器	10t/h，双罐，高强度玻璃钢	台	1	
26	加药装置	能力0~1kg/h	台	1	
27	窑头冷却泵	Q=$25m^3/h$，H=38m，7.5kW	台	2	
28	锅炉给水泵	$4m^3/h$，H=190m，5.5kW	台	2	
29	软化水箱	$20m^3$	个	1	
30	冷却水箱	$6m^3$	个	1	
31	风机冷却泵	$8m^3/h$，H=18m，1.5kW	台	2	
32	空压机	$4.75m^3/min$，0.7MPa，65dB，30kW	台	3	
33	冷干机	额定处理量：$12m^3/min$	台	1	
34	吸干机	处理量：$3.5m^3/min$	台	1	
35	排污扩容器	$0.7m^3$，0.6MPa	台	1	
36	冷却塔	$50m^3/h$，功率＜2.2kW	座	1	
37	输油泵	1.5kW，流量$3.3m^3/h$，排出压力0.33MPa	台	2	
38	油罐	$20m^3$	个	1	

说明：

1. 本图尺寸标高(绝对标高)以米计，其余以毫米计。
2. 本图工程量统计至建筑轴线外1米。
3. 室内淋浴间及卫生间的给排水图见12L-1714S-01-03R-007。
4. 焚烧车间内回转窑设备、高温蒸汽灭菌设备工艺流程见图12L-1714S-01-02S-001和12L-1714S-01-02S-002。
5. 系统图中0.00m标高相当于室内标高190.10m。
6. 系统图中排水管为管底标高，给水管为管中心标高。

图 12-32　焚烧车间工艺图（二）

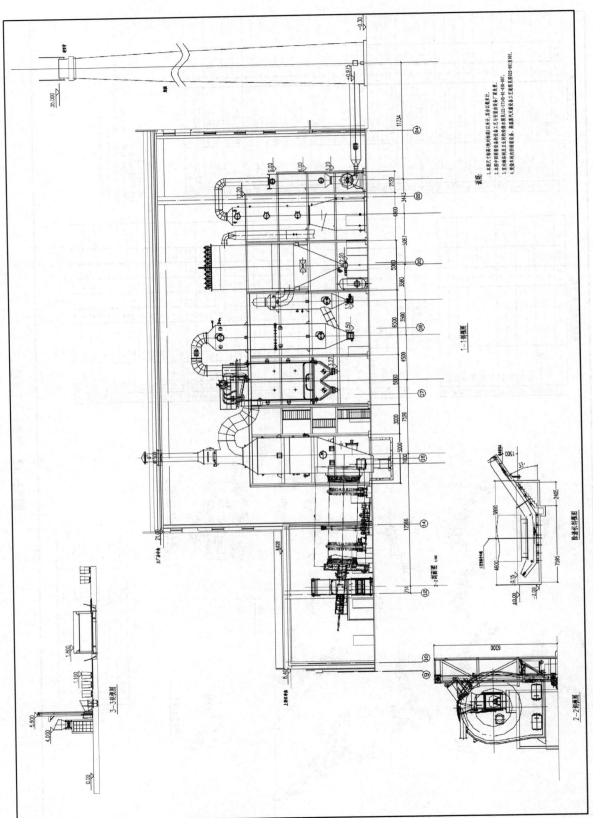

图12-33　焚烧车间工艺图（三）

12.4　废气处理工程绘图操作实例

废气按大气污染成分分类：① 颗粒污染物。污染大气的颗粒物质又称气溶胶。按其来源的性质不同，气溶胶可分为一次气溶胶和二次气溶胶。② 气态污染物。a. 以 SO_2 为主的含硫化合物。大气污染物中的含硫化合物包括硫化氢、二氧化硫、三氧化硫、硫酸、亚硫酸盐、硫酸盐和有机硫气溶胶，以 SO_2 为主。b. 以 NO 和 NO_2 为主的含氮化合物。大气中对环境有影响的含 N 污染物主要是 NO 和 NO_2，其他还有 NO_3 及铵盐。c. 碳的氧化物。主要是 CO 和 CO_2。d. 碳氢化合物。碳氢化合物统称烃类，是指由碳和氢两种原子组成的各种化合物。e. 含卤素的化合物。存在于大气中的含卤素化合物很多，在废气治理中接触较多的主要有氟化氢（HF）、氯化氢（HCl）等。③ 放射性污染。主要是核武器试验和核电站事故所造成的。

废气治理工艺根据不同的污染物确定，下面简单介绍两种不同废气治理工程实例。

12.4.1　酸雾废气治理工程

酸雾废气治理工程图如图 12-34～图 12-36 所示。

12.4.2　工厂废气处理工程

工厂废气处理工程图如图 12-37、图 12-38 所示。

12.5　噪声处理工程绘图操作实例

噪声是声音的一种。从物理角度看，噪声是由声源做无规则和非周期性振动产生的声音。从环境保护角度看，噪声是指那些人们不需要的、令人厌恶的或对人类生活和工作有妨碍的声音。噪声不仅有其客观的物理特性，还依赖主观感觉的评定。工业噪声主要来自生产和各种工作过程中机械振动、摩擦、撞击以及气流扰动而产生的声音。

防治噪声污染的办法：①声在传播中的能量是随着距离的增加而衰减的，因此使噪声源远离需要安静的地方，可以达到降噪的目的。②声的辐射一般有指向性，处在与声源距离相同而方向不同的地方，接收到的声强度也就不同。不过多数声源以低频辐射噪声时，指向性很差；随着频率的增加，指向性增强。因此，控制噪声的传播方向（包括改变声源的发射方向）是降低噪声尤其是高频噪声的有效措施。③建立隔声屏障，或利用天然屏障（土坡、山丘），以及利用其他隔声材料和隔声结构来阻挡噪声的传播。④应用吸声材料和吸声结构，将传播中的噪声声能转变为热能等。⑤在城市建设中，采用合理的城市防噪声规划。此外，对于固体振动产生的噪声采取隔振措施，以减弱噪声的传播。

工程中的噪声处理一般是采用吸声、隔声、减振等复合型手段对各个噪声源进行被动与主动相结合的方式来控制。主动控制主要体现在改用先进设备、设计减振措施等手段；被动控制主要体现在设置隔声门、窗、吸声装置等。

某加气站噪声治理平面布置如图 12-39 所示。

二维码12-3　环境工程设计绘制图集

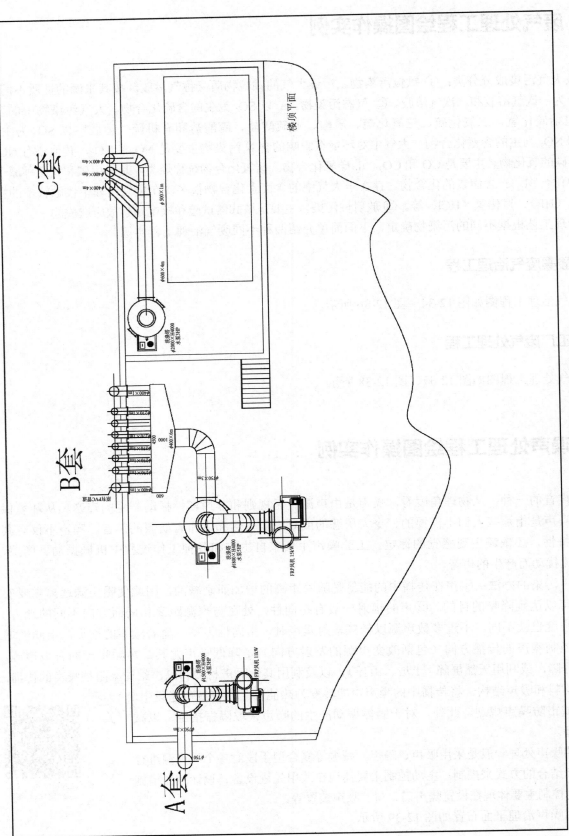

图 12-34 酸雾废气处理平面布置图

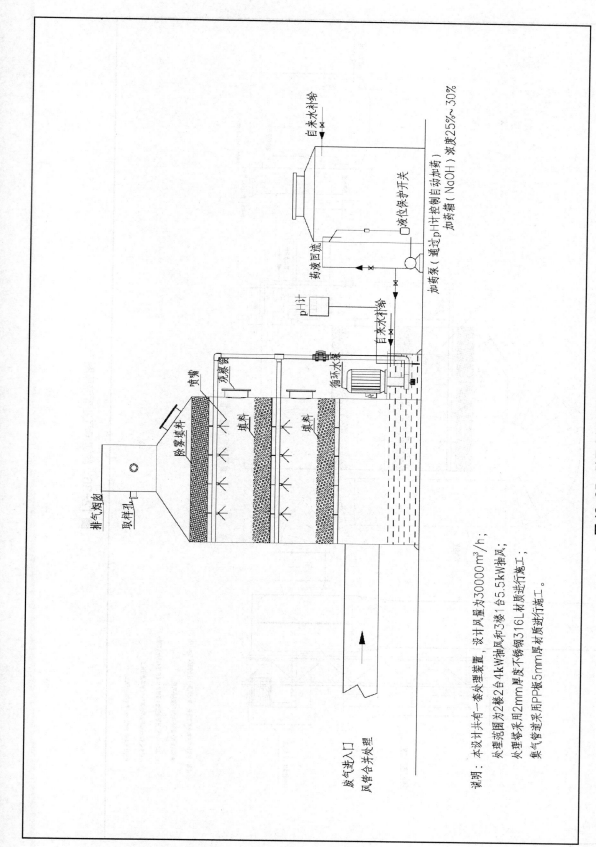

图12-35　酸雾废气处理流程图（一）

说明：本设计共有一套处理装置，设计风量为30000m³/h；
　　　处理范围为2楼2台4kW油烟风和3楼1台5.5kW抽风；
　　　处理塔采用2mm厚度不锈钢316L材质进行施工；
　　　集气管道采用PP板5mm厚材质进行施工。

250 环境工程制图与CAD 第二版

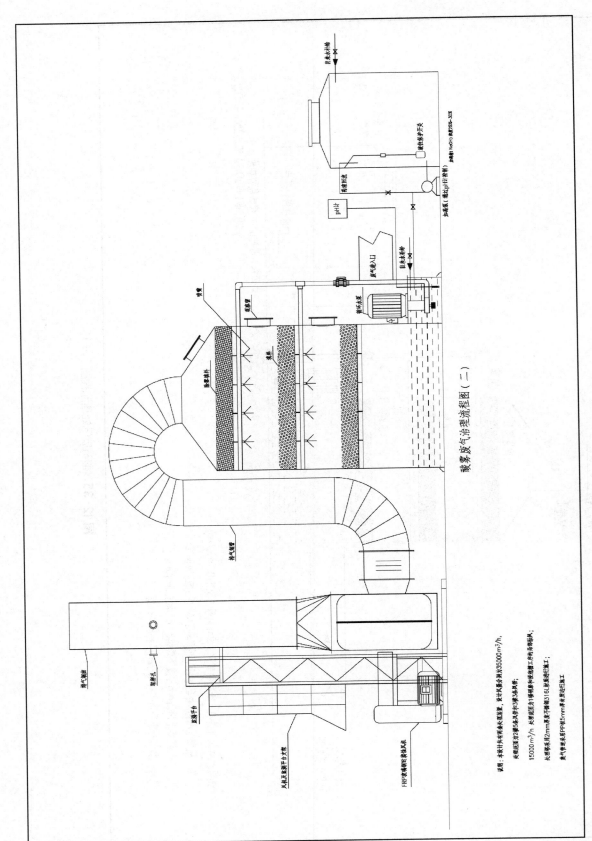

图12-36 酸雾废气处理流程图（二）

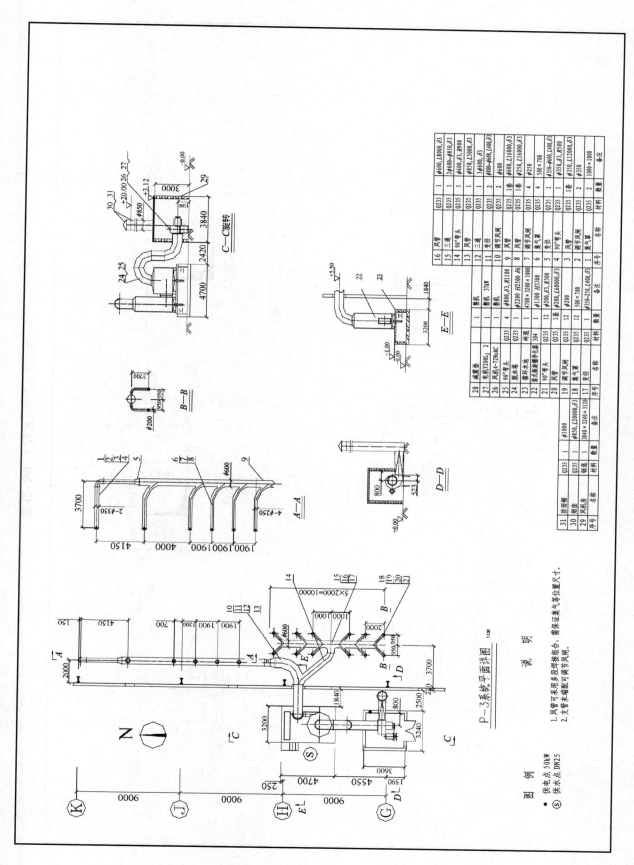

图12-37　某厂房废气处理平面布置

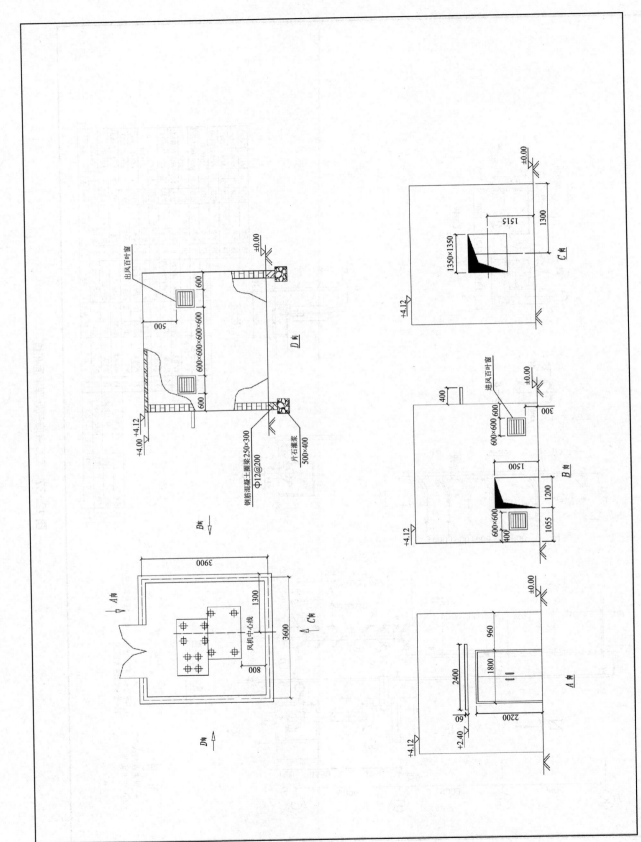

出风百叶窗

600×600×600×600

500

600

600

D向

+4.00 +4.12

±0.00

钢筋混凝土圈梁250×300
Φ12@200

片石灌浆
500×400

B向

A向

3900

1300

风机中心线

800

3600

C向

D向

1350×350

1515

1300

C向

+4.12

±0.00

进风百叶窗

400

600×600

300

600×600
400

1500

1200

1055

B向

+4.12

±0.00

960

1800

2400

2200

60

A向

+4.12

+2.40

图12-38　厂房废气排放平面布置

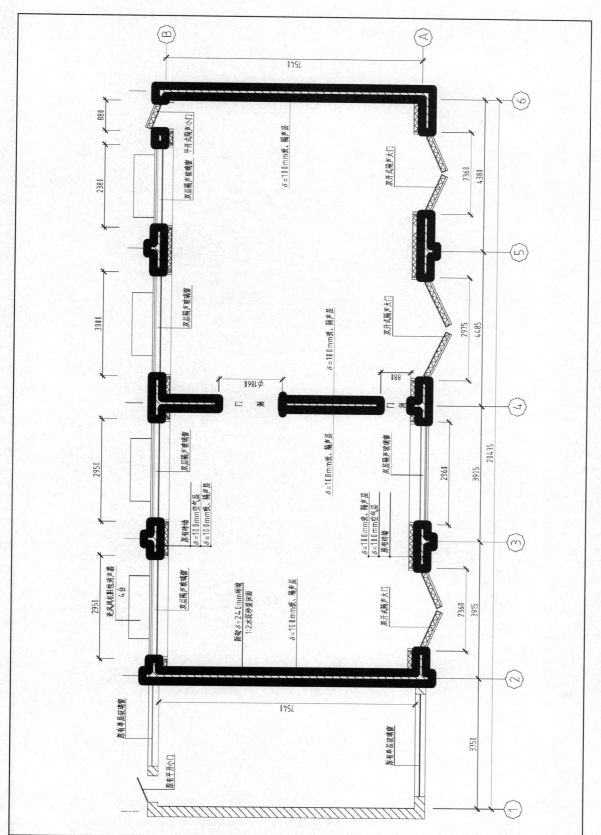

图12-39　某加气站噪声治理平面布置

13 水处理工程图集

士不可以不弘毅，任重而道远。仁以为己任，不
亦重乎？死而后已，不亦远乎？

——《论语》

二维码13-1 卡鲁
塞尔氧化沟工艺全套
图集

二维码13-2
CASS工艺全套图集

二维码13-3 A²/O
处理工艺全套图集

二维码13-4 膜工
艺全套图集

学会了 AutoCAD 的基本操作以后，就可进行绘制环境工程图的实际练习了。这里精选了 4 套水处理工程的图纸供初学者学习。以水处理工艺的基本单元编排图纸，初学者可以找到不同单元的图纸进行临摹练习。这些图纸大多数是实际工程的施工图，其设计者都在环境工程设计领域具有丰富的实际工作经验，因此这些图纸具有较高的参考价值。这些例图比较全面地反映了水处理工程图纸最基本的要素和规范，为初学者提供了丰富的样板图和个人图库的素材，希望初学者通过研读、临摹这些例图，能获得一个良好的起点。由于图比较大，不能在纸面完全呈现，因此将本章的全部图都列在本书所附二维码中。此处只列举出图号和图名，读者可自行在二维码中依图号检索、查看。

13.1　卡鲁塞尔氧化沟工艺全套图集

以某市污水处理厂工程为例，采用卡鲁塞尔氧化沟工艺。练习图集包括总平面、流程及各单体工艺图，具体如下：

图 13-1　某污水处理厂总平面布置图
图 13-2　某污水处理厂工艺流程图
图 13-3　粗格栅及提升泵房工艺设计图（一）
图 13-4　粗格栅及提升泵房工艺设计图（二）
图 13-5　细格栅及沉砂池工艺设计图（一）
图 13-6　细格栅及沉砂池工艺设计图（二）
图 13-7　厌氧池及氧化沟工艺设计图（一）
图 13-8　厌氧池及氧化沟工艺设计图（二）
图 13-9　配水井及污泥泵房工艺设计图（一）
图 13-10　配水井及污泥泵房工艺设计图（二）
图 13-11　终沉池工艺设计图（一）
图 13-12　终沉池工艺设计图（二）
图 13-13　紫外线消毒池工艺设计图
图 13-14　污泥平衡池工艺设计图
图 13-15　污泥脱水机房工艺设计图（一）
图 13-16　污泥脱水机房工艺设计图（二）
图 13-17　污泥脱水机房工艺设计图（三）

13.2　CASS 工艺全套图集

以某市污水处理厂工程为例，采用 CASS 工艺。练习图集为该污水处理厂全套工艺图纸，具体如下：

13

13.3　A²/O 处理工艺全套图集

13.4　膜工艺全套图集

本项目膜处理以二级处理出水为原水的深度处理。

13

14 BIM 技术

　　天将降大任于斯人也，必先苦其心志，劳其筋
骨，饿其体肤，空乏其身，行拂乱其所为。

——孟子

二维码14-1　BIM技术

14.1　BIM 的由来

建筑信息模型 (Building Information Modeling，BIM) 是通过建立虚拟的建筑工程三维模型，利用数字化技术，为这个模型提供完整的、与实际情况一致的建筑工程信息库。该信息库不仅包含描述建筑物构件的几何信息、专业属性及状态信息，还包含了非构件对象 (如空间、运动行为) 的状态信息。借助这个包含建筑工程信息的三维模型，大大提高了建筑工程的信息集成化程度，从而为工程项目的相关利益方提供了一个工程信息交换和共享的平台。

在 CAD 一步一步发展的过程中，有一位具有重要地位的人物看到了当时存在的问题，这就是"BIM 之父"查克·伊士曼。1975 年，查克·伊士曼教授借鉴制造业的产品信息模型，提出建筑描述系统（Building Description System）的概念，通过计算机对建筑物使用智能模拟，这是 BIM 的起源思想。

20 世纪 80 年代，有芬兰的学者对计算机模型系统深入研究后，提出"Product Information Model"系统。2002 年，Autodesk 公司提出建筑信息模型并推出了自己的 BIM 软件产品，此后全球另外两个大软件开发商 Bentley、Graphisoft 也相继推出了自己的 BIM 产品。进入 21 世纪，BIM 研究和应用得到突破性进展，BIM 从一种理论思想变成了用来解决实际问题的数据化工具和方法。

14.2　BIM 技术简介

传统设计行业正在进行着第二次技术革命，CAD 正在被 BIM 技术冲击。目前，BIM 技术在建筑、市政和环境工程等工程领域应用得越来越广泛，CAD 设计不能完全满足工程项目的管理和快速检测等要求。在掌握了工程领域 CAD 绘图基础上，将 BIM 技术与工程设计相互结合，可以协助进行工程项目的管理和决策。采用整体设计理念，从整个工程项目的角度来处理信息，将设备、管线和电气系统与建筑模型关联起来，为工程师提供更佳的决策参考和构筑物性能分析。BIM 技术全过程见图 14-1。

① 利用 BIM 技术的可视化特性（见图 14-2），可在项目施工前直观展示建成效果，提前发现各类问题，提前验证运维管理方案，通过巡检路线模拟，检验厂区管理方案的合理性，在扩建工程完成前为项目管理人员提供重要的工作参考，帮助厂区平稳接收新建产能，尽快实现稳定运营。

② BIM 技术在项目实施阶段能够进行碰撞检查、三维深化设计、施工方案优化等一系列应用，通过 BIM 技术建立三维信息模型，帮助工程项目施工策划，安排管道施工流水，压缩停产改造工期，管理设备进场安装，有效提高现场管理效率。通过三维模型进行深化设计，减少施工过程中的问题，集成 BIM 建筑信息管理平台，协调各参建单位，进行现场管理，全专业统筹计划施工流水，规划穿插施工，提高施工效率，提升进度效益。

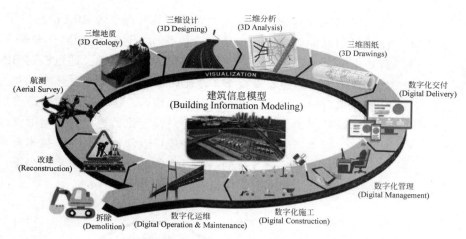

图 14-1　BIM 技术全过程

图 14-2　BIM 可视化特性

③信息化传递项目数据,对接智慧管理平台 BIM 信息模型的信息化特性,使项目信息能更完整地向运维阶段传递;通过将 BIM 信息模型与运维平台进行数据链接,让运维平台获得立体化的数据基础;通过构建 BIM 信息化模型,为厂区未来的智慧管理打下了基础,帮助现场有序展开施工并为对接信息化水务管理平台做好准备。进行信息数据整合,提升运营效率,将项目竣工模型交付业主运营单位,通过整合模型信息及运维数据,提升运维管理信息化、数字化水平,提高运维管理能力,提升项目运营效益。BIM 技术是项目管理和运维管理实现信息化、数字化的基石,在信息技术不断进步的当下,是工程行业积极拥抱时代潮流的印证。BIM 云管理平台见图 14-3。

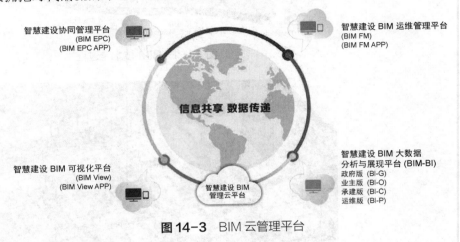

图 14-3　BIM 云管理平台

14.3　BIM 中常用软件 Revit

14.3.1　Revit 软件优势

Revit 是 Autodesk 公司一套系列软件的名称。Revit 系列软件是为建筑信息模型构建的,可帮助工程师设计、建造和维护质量更好、能效更高的建筑。

Revit 是我国工程领域设计行业 BIM 体系中使用最广泛的软件之一。使用 Revit MEP 软件进行水暖电工程和工艺专业设计和建模,主要有以下优势:

(1) 按照工程师的思维模式进行工作,开展智能设计　Revit MEP 软件借助真实管线进行准确建模,可以实现智能、直观的设计流程。Revit MEP 采用整体设计理念,从整座建筑物的角度来处理信息,将给排水、暖通和电气系统与建筑模型关联起来,为工程师提供更佳的决策参考和建筑性能分析。借助它,工程师可以优化建筑设备及管道系统的设计,进行更好的建筑性能分析,充分发挥 BIM 的竞争优势,促进可持续性设计。

同时,利用 Revit 使工艺设计师和其他工程师协同,可即时获得来自建筑信息模型的设计反馈，实现数据驱动设计所带来的巨大优势，轻松跟踪项目的范围、进度和工程量统计、造价分析。

（2）借助参数化变更管理，提高协调一致性　利用 Revit MEP 软件完成建筑信息模型，最大限度地提高基于 Revit 的建筑工程设计和制图的效率。它能够最大限度地促进水暖电设备等专业设计团队之间，以及与建筑师和结构工程师之间的协作。通过实时的可视化功能，改善与客户的沟通并更快做出决策。

Revit MEP 软件建立的管线综合模型可以与由 Revit Architecture 软件或 Revit Structure 软件建立的建筑结构模型展开无缝协作。在模型的任何一处进行变更，Revit MEP 可在整个设计和文档集中自动更新所有相关内容。

（3）改善沟通，提升业绩　设计师可以通过创建逼真的建筑设备及管道系统示意图，改善与甲方的设计意图沟通效率。通过使用建筑信息模型，自动交换工程设计数据，双方从中受益。及早发现错误，避免让错误进入现场并造成代价高昂的现场设计返工等不良后果。借助全面的建筑设备及管道工程解决方案，最大限度地简化应用软件管理。

14.3.2　Revit 模型建立

采用 Revit 对整个建筑系统进行描绘，模型的建立步骤如下：

① 创建一个建筑项目。

② 根据 CAD 中的建筑立面图在 Revit 中创建建筑标高，并根据标高添加每层的楼层平面图。部分标高创建，见图 14-4。

③ 创建和编辑轴网。所创建的轴网要和 CAD 图中的轴网相一致，单位为毫米，以方便导入 CAD 图时，能够准确地找到位置，并将绘制好的轴网应用到每一层。轴网绘制图见图 14-5。

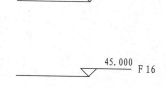
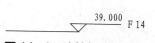

图 14-4　建筑部分标高图

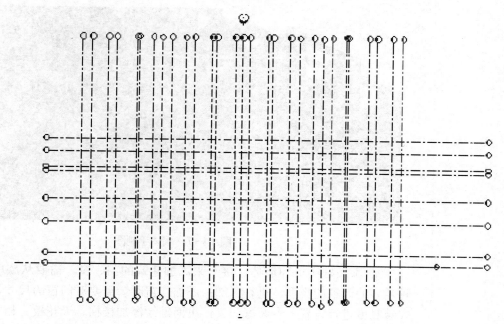

图 14-5　轴网绘制图

④ 在每一层中，导入处理好的 CAD 底图，使 CAD 图与轴网完整地重合，见图 14-6。

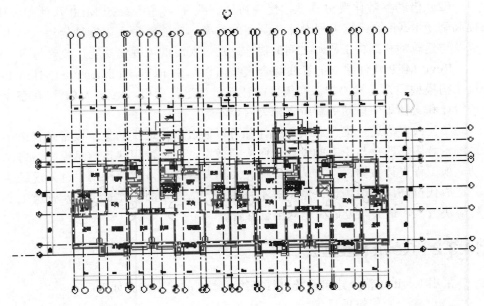

图 14-6 导入 CAD 底图

⑤ 开始绘制墙体。在【属性】中首先要设置好墙体的各种厚度、高度以及材质等，再选择开始根据 CAD 图中的墙体开始描墙。绘制墙体部分立面图，见图 14-7。

⑥ 绘制好墙体之后，添加建筑楼板，方法同墙体的绘制，见图 14-7。

图 14-7 墙体绘制图

⑦ 添加好楼板和墙体，接下来添加建筑的门、窗。需要从族库中载入各种需要的门窗的类型，进行添加；添加门窗时，需要对门窗的尺寸、类型以及安装高度进行设置。安装好门窗，进而继续添加楼梯、天花板。相关布置图见图 14-8。

⑧ 所有物件布置好之后，建筑全图见图 14-9。

图 14-8 楼板、门窗、楼梯布置图

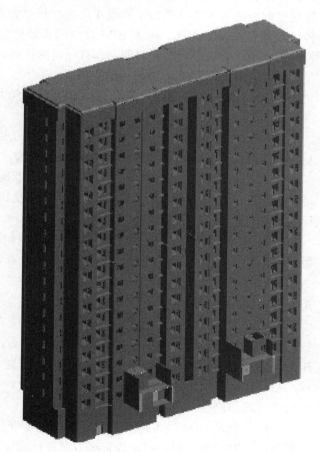

图 14-9 建筑全图

14

14.4　BIM 在环境工程中的应用

环境工程（Environmental Engineering）的主要研究内容可分为水污染防治工程、大气污染控制工程、固体废物的处理与处置、物理性污染控制、生态工程等。按照总平面布置、处理工艺流程、单元构筑物进行细分，可分为厂址选择及总平面布置、工艺流程设计、高程图、管道布置设计、环保设备的设计与选型、项目概预算等。环境工程设计所涉及的内容多、范围广、专业性强。因此，在环境工程的领域内，工程建筑必不可少，如：污水处理厂的选址和修建、固体废物处置车间的修建、管网的铺设、脱硫塔的建造、厂区的智能管理等。BIM 技术作为建立虚拟的建筑工程三维模型的工具在环境工程相关工程项目中发挥着重要的作用，在熟练掌握 CAD 技术基础上，掌握 BIM 技术及相关软件十分必要。

例如在实际工程项目进度管理过程中，管线综合设计是各个专业独立完成的，导致各专业的二维图纸所表现的内容在空间上很容易出现碰撞和矛盾，如果这些问题直到审图或者施工阶段才出现，势必会对工程项目产生影响。而与传统市政管线综合相比，融入 BIM 设计的市政管线综合能够通过可逆的"模拟施工"校核设计中存在的问题，具有一定的优势。

BIM 在市政管线工程中应用的优势：

① 设计成果不仅可以对工程整体进行全面表达，而且还能根据需要反映局部断面和道路交叉口的信息。

② 在 BIM "预施工"过程中，对碰撞点调整后所带来的连锁反应可以即时反馈到工程中其他部位，不会造成调整盲点和遗漏，保证管线综合的完整性。

③ 在室外管线 BIM 设计中所有的标注皆为准确报告，在后期施工过程中，施工人员必须严格根据设计标高施工作业，避免因标注的不完整和"控制高程"的单一限制而影响施工效率和质量。

污水处理厂及泵站构筑物单体数量多、管线种类复杂、出图量大、工期短；建筑水暖电等各专业间配合要求高，碰撞检查及中间变更逐渐增多，造成对设计的评价较为滞后，与业主沟通、汇报效果差，不利于后续施工和运营维护。目前国内兴建综合管廊，与市政道路的新建、改建、扩建同步实施，对于带有这样复杂管线设计的工程，CAD 设计不能完全满足工程项目的管理和快速检测等要求，如果继续采用二维 CAD 制图方法，竞争优势正在减弱。而 BIM 技术在建筑、市政和环境工程中应用得越来越广泛。在掌握了环境工程领域 CAD 绘图基础上，将 BIM 技术与环境工程设计相结合，可以进行环境工程项目的管理和决策。

同时，利用 BIM 技术的可视化功能，能够在工程项目施工前直观展示建成效果，及时发现问题，对运维管理方案进行验证，并通过巡检路线模拟，检验厂区管理方案的合理性等。

相信在不远的将来，BIM 技术将是环境工程项目设计和实施必不可少的重要手段。

附录　操作实例视频讲解和 CAD 常用快捷命令大全

附录一　操作实例视频讲解

附录二维码1　三种
初沉池的绘制

附录二维码2　地下
监测井（上）

附录二维码3　地下
监测井（下）

附录二维码4　提升
泵房工艺图（上）

附录二维码5　提升
泵房工艺图（下）

附录二维码6　垃圾
填埋场防渗及导流系
统断面图（上）

附录二维码7　垃圾
填埋场防渗及导流系
统断面图（下）

附录二维码8　加气
站噪声治理平面图

附录

附录二　CAD 常用快捷命令大全

一、标准工具栏

1. 新建文件	NEW	9. 放弃	U
2. 打开文件	OPEN	10. 平移	P
3. 保存文件	SAVE	11. 缩放	Z
4. 打印	Ctrl+P	12. 特性管理器	Ctrl+1
5. 打印预览	PRINT/PLOT	13. 设计中心	Ctrl+2
6. 剪切	Ctrl+X	14. 工具选项板	Ctrl+3
7. 复制	Ctrl+C	15. 帮助	F1
8. 粘贴	Ctrl+V		

二、实体工具栏

1. 长方体	BOX	12. 剖切	SL
2. 球体	SPHERE	13. 切割	SEC
3. 圆柱体	CYLINDER	14. 干涉	INF
4. 圆锥体	CONE	15. 设置图形	SOLDRAW
5. 楔体	WE	16. 设置视图	SOLVIEW
6. 拉伸	EXT	17. 设置轮廓	SOLPROF
7. 旋转	REV	18. 圆环	TOR
8. 并集	UNI	19. 三维面	3DFACE
9. 交集	IN	20. 三维旋转	ROTATE3D
10. 差集	SU	21. 三维镜像	MIRROR3D
11. 消隐	HI	22. 三维阵列	3DARRAY

三、绘图工具栏

1. 直线	L	12. 椭圆	EL
2. 构造线	XL	13. 椭圆弧	EL+A
3. 多线	ML	14. 插入块	I
4. 多段线	PL	15. 创建块（内）	B
5. 正多边形	POL	16. 创建块（外）	W
6. 矩形	REC	17. 点	PO
7. 圆弧	A	18. 图案填充	H
8. 圆	C	19. 面域	REG
9. 修订云线	REVCLOUD	20. 多行文字	T
10. 样条曲线	SPL	21. 单行文字	DT
11. 编辑样条曲线	SPE		

四、修改工具栏

1. 删除	E	9. 拉伸	S
2. 复制	CO	10. 修剪	TR
3. 镜像	MI	11. 延伸	EX
4. 偏移	O	12. 打断于点	BR
5. 阵列	AR	13. 打断	BR
6. 移动	M	14. 倒角	CHA
7. 旋转	RO	15. 圆角	F
8. 缩放	SC	16. 分解	X

五、对象捕捉工具栏

1. 临时追踪点	TT	9. 捕捉到象限点	QUA
2. 捕捉自	FRO	10. 捕捉垂足	PER
3. 捕捉到端点	END	11. 捕捉平行线	PAR
4. 捕捉到中心点	MID	12. 捕捉插入点	INS
5. 捕捉到交点	INT	13. 捕捉节点	NOD
6. 捕捉外观交点	APP	14. 捕捉最近点	NEA
7. 捕捉到延长线	EXT	15. 无捕捉	NON
8. 捕捉到圆心	CEN	16. 捕捉切点	TAN

六、功能键

F1	获取帮助	F7	栅格
F2	实现作图窗口和文本窗口的切换	F8	正交
F3	对象捕捉	F9	栅格捕捉
F4	数字化仪控制	F10	极轴
F5	等轴测平面切换	F11	对象追踪
F6	动态 USC	F12	动态输入

七、快捷组合键

Ctrl+A	全选	Ctrl+S	保存文件
Ctrl+B	栅格捕捉控制 (F9)	Ctrl+U	极轴
Ctrl+C	复制	Ctrl+W	对象追踪 (F11)
Ctrl+V	粘贴	Ctrl+Y	重做
Ctrl+X	剪切	Ctrl+Z	取消前一步的操作
Ctrl+D	坐标	Ctrl+1	打开特性对话框
Ctrl+E	等轴测平面	Ctrl+2	AUTOCAD 设计中心
Ctrl+F	对象捕捉 (F3)	Ctrl+3	工具选项板窗口
Ctrl+G	栅格	Ctrl+4	图纸集合管理器
Ctrl+J	重复执行上一步命令	Ctrl+5	信息选项版
Ctrl+K	超级链接	Ctrl+6	数据库连接
Ctrl+L	正交	Ctrl+7	标记集管理器
Ctrl+M	打开选项对话框	Ctrl+8	快速计算
Ctrl+N	新建图形文件	Ctrl+9	命令行
Ctrl+O	打开图像文件	Ctrl+0	显 / 隐工具栏视图
Ctrl+P	打开打印对话框	Ctrl+F6	切换当前窗口
Ctrl+Q	退出	Ctrl+F8	运行部件

附录二维码9　CAD
常用快捷命令
大全在线试题

附录

参考文献

[1]   中华人民共和国住房和城乡建设部. GB/T 50001—2017. 房屋建筑制图统一标准 [S]. 北京：中国计划出版社，2018.

[2]   中华人民共和国住房和城乡建设部. GB/T 50103—2010. 总图制图标准 [S]. 北京：中国计划出版社，2010.

[3]   中华人民共和国住房和城乡建设部. GB/T 50104—2010. 建筑制图标准 [S]. 北京：中国计划出版社，2010.

[4]   中华人民共和国住房和城乡建设部. GB/T 50106—2010. 给排水制图标准 [S]. 北京：中国计划出版社，2010.

[5]   曹宝新，齐群. 画法几何及土建制图（修订版）. 北京：中国建材工业出版社，2013.

[6]   毛家华，莫章金. 建筑工程制图与识图 [M]. 3版. 北京：高等教育出版社，2018.

[7]   崔晓利，贾立红，等. 中文版AutoCAD工程制图（2014版）. 北京：清华大学出版社，2014.

[8]   钟日铭. AutoCAD 2018中文版机械设计基础与实战 [M]. 北京：机械工业出版社，2017.

[9]   向杰，付文艺，李影. AutoCAD工程制图基础教程 [M]. 成都：西南交大出版社，2014.

[10] 高宗华，刘礼贵. 工程制图与CAD [M]. 长沙：中南大学出版社，2013.

[11] 赵星明. 给水排工程CAD. 2版. 北京：机械工业出版社，2019.

[12] 宋金虎. 机械制图及AutoCAD [M]. 北京：清华大学出版社，2019.

[13] 薛焱，邓堃. 中文版AutoCAD 2018基础教程 [M]. 北京：清华大学出版社，2018.

[14] 潘理黎. 环境工程CAD技术应用. 2版. 北京：化学工业出版社，2012.

[15] 王勇，王敬. AutoCAD 2018中文版从入门到精通 [M]. 北京：中国青年出版社，2018.

[16] 杨松林. 工程CAD基础与应用 [M]. 北京：化学工业出版社，2013.

[17] 张辰主. 水厂设计——污水厂设计 [M]. 北京：中国建筑工业出版社，2011.

[18] 王纯，张殿印. 废气处理工程技术手册 [M]. 北京：化学工业出版社，2013.

[19] 潘涛，李安峰，杜兵. 废水污染控制技术手册 [M]. 北京：科学出版社，2013.

[20] 聂永丰. 固体废物处理工程技术手册 [M]. 北京：化学工业出版社，2013.

[21] 何品晶. 固体废物处理与资源化技术 [M]. 北京：高等教育出版社，2011.

[22] 董志权. 大气污染控制工程 [M]. 北京：机械工业出版社，2018.

[23] 贺启环. 环境噪声控制工程 [M]. 北京：清华大学出版社，2011.

[24] 宋巧莲，徐连孝，等. 机械制图与AutoCAD绘图 [M]. 北京：机械工业出版社，2016.

[25] 张立坤，陈笑. AutoCAD 2018案例教程 [M]. 北京：清华大学出版社，2018.

[26] 赵建国，邱益. AutoCAD 2018快速入门与工程制图 [M]. 北京：电子工业出版社，2018.

[27] 程绪琦，等. AutoCAD 2018中文版标准教程 [M]. 北京：电子工业出版社，2018.

[28] CAD/CAM/CAE技术联盟. AutoCAD 2018中文版从入门到精通（标准版）. 北京：清华大学出版社，2018.

[29] 魏加兴，杨晓清，等. AutoCAD 2016工程绘图及实训. 2版. 北京：电子工业出版社，2018.

[30] 周香凝，张黎红. AutoCAD建筑制图基础教程 [M]. 北京：清华大学出版社，2018.

[31] 中国建筑设计研究院有限公司. 建筑给水排水设计手册. 3版. 北京：中国建筑工业出版社，2018.

[32] 环境保护部，国家质量监督检验检疫总局. 环境空气质量标准：GB 3095—2012 [S]. 北京：中国环境科学出版社，2012.